大型筒节轧制
及热处理理论技术

孙建亮　彭 艳　陈素文　刘宏民　著

北 京

冶 金 工 业 出 版 社

2023

内 容 提 要

大型筒节属于锻轧类大型零件，在国民经济和国防建设中具有重要作用。大型筒节传统制造方法是锻造成形，以轧代锻是近年来提出的新方法。本书主要介绍了大型筒节轧制理论和工艺模型，内容包括大型筒节轧制力预报模型、轧制三维塑性变形理论、微观组织演变模型以及轧制过程尺寸形状控制模型，并对大型筒节热处理技术进行探讨，包括节能热处理技术、感应加热技术和喷射冷却技术等。

本书可供从事成形制造及热处理技术工作的科研、设计和工程技术人员使用，也可供高等院校相关专业的教师和研究生参考。

图书在版编目（CIP）数据

大型筒节轧制及热处理理论技术/孙建亮等著.—北京：冶金工业出版社，2023.7

ISBN 978-7-5024-9559-6

Ⅰ.①大… Ⅱ.①孙… Ⅲ.①受压元件—轧制 ②受压元件—热处理—弯曲成型 Ⅳ.①TG33

中国国家版本馆 CIP 数据核字（2023）第 122265 号

大型筒节轧制及热处理理论技术

出版发行	冶金工业出版社	电 话	(010)64027926
地 址	北京市东城区嵩祝院北巷 39 号	邮 编	100009
网 址	www.mip1953.com	电子信箱	service@ mip1953.com

责任编辑 戈 兰 郭雅欣 美术编辑 彭子赫 版式设计 孙跃红
责任校对 石 静 责任印制 窦 唯
北京捷迅佳彩印刷有限公司印刷
2023 年 7 月第 1 版，2023 年 7 月第 1 次印刷
710mm×1000mm 1/16；15.75 印张；307 千字；241 页
定价 98.00 元

投稿电话 (010)64027932 投稿信箱 tougao@cnmip.com.cn
营销中心电话 (010)64044283
冶金工业出版社天猫旗舰店 yjgycbs.tmall.com
（本书如有印装质量问题，本社营销中心负责退换）

前　言

当前，航空航天、清洁能源和深海装备发展迅猛，是未来世界各国争夺战略优势的制高点。大型筒节是上述领域重大装备的关键核心零部件，主要包括大型运载火箭筒节、核电筒节、加氢反应器筒节、煤液化反应器筒节和深海耐压壳筒节等，其尺寸巨大，常年工作在高温、高压或腐蚀的环境中，对装备的稳定运行起到关键作用。

《中国制造2025》指出："要高度重视核心基础零部件/元器件、关键基础材料、先进基础工艺及产业技术基础'四基'的整体水平，促进流程制造业绿色发展，开发和推广节能、节材和环保产品、装备、工艺"。随着环境问题日益严峻，我国能源结构调整，重点发展清洁能源，核电、石化和煤液化工业发展较快，对大型筒节的需求量日益增多，甚至出现供不应求的局面。大型筒节传统生产工艺是自由锻造，能耗大、效率低、成本高，不能满足批量化生产需求。针对目前大型筒节锻造生产工艺落后，难以满足批量化生产和市场需求难题，催生了以轧代锻高效成形方法来制造大型筒节。作者结合十多年的理论科学研究和工业应用成果，撰写了本书，以满足从事该行业的工程师和相关科研人员的需求。

本书力求较全面地给出大型筒节轧制及热处理理论模型和技术原理，包括7个章节，第1章介绍了大型筒节轧制过程的基础力学模型，包括稳定轧制条件和轧制力预测模型；第2章介绍了基于条元法的大型筒节轧制三维塑性变形理论建模；第3章介绍了大型筒节轧制有限元模拟和尺寸形状控制方法；第4章介绍了大型筒节轧制过程微观组织演变模型；第5章介绍了大型筒节节能热处理技术；第6章介绍了大型筒节感应加热理论技术；第7章介绍了大型筒节喷射冷却快速热处理技术。本书由孙建亮组织编写，彭艳、刘宏民对全书进行了审定和校订。书中引用了陈素文博士、张博、张永振、邱丑武、李硕、毕雪峰等硕士研究生的毕业论文内容，张旭、单存尧、吴润泽等参与本书文字编辑工作，在此表示衷心的感谢。

作者在研究过程中得到了中国第一重型机械股份公司领导和工程技术人员的热情支持和帮助，在此一并表示感谢。感谢高档数控机床与基础制造装备重大专项（2011ZX04002-101-001）、国家自然科学基金项目（52075473）、河北省杰出青年科学基金项目（E2021203190）、河北省创新研究群体项目（E2021203011）对本书的支持。

由于作者水平有限，对于书中不妥之处，恳请广大读者给予批评指正。

作 者

2023 年 8 月

目　　录

第1章　大型筒节轧制过程力学模型

>>

当前清洁能源和航空事业发展迅猛，相关领域对大型筒节的需求量和质量要求日益提高。大型筒节是核电装备、石化装备、煤液化装备和运载火箭所需的关键部件，其尺寸巨大，常年工作在高温、高压和腐蚀的环境中，对装备的稳定运行起到关键作用，大型筒节传统生产工艺是自由锻，即制坯—镦粗—冲孔—芯棒拔长—平整—马杠扩孔—成品，一般要经过五个火次，能耗大、效率低，同时筒体表面存在凹凸不平的锻痕，材料利用率低、成本高。针对大型筒节锻造生产工艺，难以满足批量化生产和市场需求的难题，人们开始研究大型筒节高效成形方法，环件轧制技术经过几十年发展取得了丰硕研究成果，因此在大型筒节生产中开始采用轧制成形方法来代替锻造成形。力学模型是大型筒节轧制过程尺寸形状控制和稳定轧制的基础，筒节尺寸超差不仅导致后续加工量大、浪费材料，而且能够导致轧制失稳，要保证筒节轧制稳定性，必须弄清楚筒节轧制过程受力情况，本章主要介绍大型筒节轧制力学基础模型。

1.1　大型筒节轧制基本条件

1.1.1　咬入条件

1.1.1.1　咬入条件的数学模型

大型筒节轧机是卧式轧机结构，典型机型如图 1-1 所示，该筒节轧机由上、下工作辊和导向辊组成，筒节采用卧式装料，轧制筒节的直径尺寸不受空间限制，上下轧辊都是驱动辊，上辊和下辊直径不同，轧辊转速不同，轧制变形区呈弧状。

筒节连续咬入辊缝是筒节转动并实现稳定轧制的必要条件。忽略导向辊对筒节的作用力，筒节咬入过程的力学模型如图 1-2 所示。上辊和下辊均为传动辊，P_1 和 T_1 分别为下辊对筒节的正压力和摩擦力，P_2 和 T_2 为上辊对筒节的正压力和摩擦力。α_1 和 α_2 分别为下辊和上辊与筒节的接触角，R_1 和 R_2 分别为下辊和上辊的工作半径，h_0 和 h 分别为筒节在孔型入口处和出口处的壁厚，$\Delta h = h_0 - h$ 为筒节轧制中每转壁厚减小量，n_1 为下辊转速，n_2 为上辊转速，L 为接触弧长在进给方向的投影长度。设下辊对筒节合力作用点位于筒节外圆接触弧的 $\xi_1\alpha_1$ 角处，上辊对筒节合力作用点位于筒节内孔接触弧的 $\xi_2\alpha_2$ 角处，这里 ξ_1、ξ_2 为系

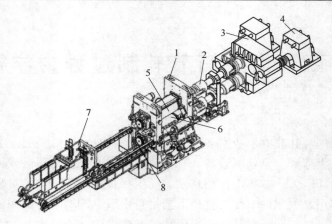

图 1-1　大型卧式筒节轧机结构示意图

1—机架；2—主传动轴；3—减速器；4—电机；5—上辊；6—下辊；7—换辊车；8—液压压下系统

数，且 ξ_1，$\xi_2 \in (0，1)$。要使筒节咬入孔型，则筒节所受的拽入力必须大于或等于它所受的推出力，而进给方向筒节的受力是平衡的。据此由图 1-2 的筒节受力条件得：

$$\sum F_x = T_{1x} + T_{2x} + P_{1x} + P_{2x}$$
$$= T_1\cos(\xi_1\alpha_1) + T_2\cos(\xi_2\alpha_2) - P_1\sin(\xi_1\alpha_1) - P_2\sin(\xi_2\alpha_2) = 0 \qquad (1\text{-}1)$$
$$\sum F_y = T_{1y} + T_{2y} + P_{1y} + P_{2y}$$
$$= -T_1\sin(\xi_1\alpha_1) + T_2\sin(\xi_2\alpha_2) - P_1\cos(\xi_1\alpha_1) + P_2\cos(\xi_2\alpha_2) = 0 \qquad (1\text{-}2)$$

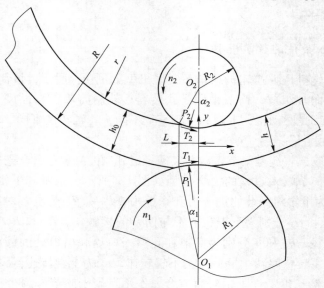

图 1-2　筒节轧制咬入孔型模型

设筒节与轧辊之间的接触摩擦符合库仑摩擦定律，摩擦系数为 μ，则有

$$T_1 = \mu P_1 \tag{1-3}$$

$$T_2 = \mu P_2 \tag{1-4}$$

式（1-1）乘以 $\cos(\xi_2\alpha_2)$，式（1-2）乘以 $\sin(\xi_2\alpha_2)$，两式相加得：

$$T_1\cos(\xi_1\alpha_1 + \xi_2\alpha_2) + T_2 \geqslant P_1\sin(\xi_1\alpha_1 + \xi_2\alpha_2) \tag{1-5}$$

同理式（1-1）乘以 $\cos(\xi_1\alpha_1)$，式（1-2）乘以 $\sin(\xi_1\alpha_1)$，两式相减得：

$$T_2\cos(\xi_1\alpha_1 + \xi_2\alpha_2) + T_1 \geqslant P_2\sin(\xi_1\alpha_1 + \xi_2\alpha_2) \tag{1-6}$$

将式（1-3）、式（1-4）代入式（1-5）、式（1-6）中，有

$$\mu \geqslant \frac{\sin(\xi_1\alpha_1 + \xi_2\alpha_2)}{1 + \cos(\xi_1\alpha_1 + \xi_2\alpha_2)} \tag{1-7}$$

设 β 为筒节与下辊之间的摩擦角，则 $\mu = \tan\beta$，将其代入式（1-7）中有

$$\beta \geqslant a\tan\left[\frac{\sin(\xi_1\alpha_1 + \xi_2\alpha_2)}{1 + \cos(\xi_1\alpha_1 + \xi_2\alpha_2)}\right] \tag{1-8}$$

式（1-8）表示了双辊驱动筒节轧制咬入孔型的摩擦条件。为简化计算，可以近似认为轧辊对筒节的作用力的合力作用点位于接触弧的中点，这时有 $\xi_1 = \xi_2 = 0.5$，将其代入式（1-8），可得近似咬入条件为：

$$\beta \geqslant \frac{\alpha_1 + \alpha_2}{4} \tag{1-9}$$

1.1.1.2　咬入条件和进给量的关系

筒节轧制中，下工作辊与上工作辊直径不同，两辊又同时分别从筒节的内、外表面对其进行轧制进给。所以两辊对筒节的内、外进给量是不同的。筒节轧制进给的几何关系如图 1-3 所示。Δh_1 为下辊对筒节外表面的进给量，Δh_2 为上辊对筒节内表面亦即内孔的进给量，图中其他符号的意义同图 1-1。筒节轧制中，若忽略机架和轧辊的弹性变形，则轧辊每转进给量等于筒节每转壁厚减小量，且在一定的条件下两者数值相等。以筒节圆心为原点，建立 xOy 坐标系，则筒节与两辊接触区轮廓方程为：

AE：
$$y = \sqrt{R^2 - x^2}$$

BE：
$$y = -\sqrt{R_1^2 - x^2} + R + R_1 - \Delta h_1$$

CF：
$$y = -\sqrt{R_2^2 - x^2} + r + R_1 - \Delta h_2$$

DF：
$$y = \sqrt{r^2 - x^2}$$

当 $x = -L$ 时，AE 与 BE 交于 E 点，此时有：

$$\sqrt{R^2 - L^2} = -\sqrt{R_1^2 - L^2} + R + R_1 - \Delta h_1$$

$$\Delta h_1 = - R \sqrt{1 - \left(\frac{L}{R}\right)^2} - R_1 \sqrt{1 - \left(\frac{L}{R_1}\right)^2} + R + R_1$$

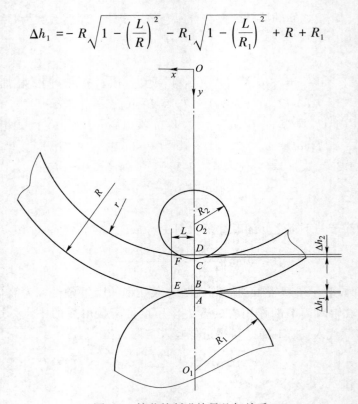

图 1-3　筒节轧制进给量几何关系

因为筒节轧制中 $\frac{L}{R} \ll 1$，$\frac{L}{R_1} \ll 1$，所以对上式进行近似计算得筒节外表面进给量为：

$$\Delta h_1 = - R\left(1 - \frac{L^2}{2R^2}\right) - R_1\left(1 - \frac{L^2}{2R_1^2}\right) + R + R_1$$

$$= \frac{L^2}{2}\left(\frac{1}{R_1} + \frac{1}{R}\right) = \frac{\left(\frac{1}{R_1} + \frac{1}{R}\right)\Delta h}{\frac{1}{R_1} + \frac{1}{R_2} + \frac{1}{R} - \frac{1}{r}} \tag{1-10}$$

当 $x = -L$ 时，CF 与 DF 交于 F 点，此时有：

$$\Delta h_2 = \frac{L^2}{2}\left(\frac{1}{R_2} - \frac{1}{r}\right) = \frac{\left(\frac{1}{R_2} - \frac{1}{r}\right)\Delta h}{\frac{1}{R_1} + \frac{1}{R_2} + \frac{1}{R} - \frac{1}{r}} \tag{1-11}$$

可得筒节内外进给量之比为

$$\frac{\Delta h_1}{\Delta h_2} = \frac{\dfrac{1}{R_1} + \dfrac{1}{R}}{\dfrac{1}{R_2} - \dfrac{1}{r}} \tag{1-12}$$

随着筒节轧制过程的进行，筒节内半径和外半径逐渐增大，由上式可知，筒节外表面和内表面的进给量的比值逐渐减小，亦即随着筒节轧制过程的进行，筒节外表面进给量相对于内表面进给量是逐渐减小的。

筒节轧制每转进给量 Δh 为筒节内外进给量之和，即：

$$\Delta h = \Delta h_1 + \Delta h_2 = \frac{L^2}{2}\left(\frac{1}{R_1} + \frac{1}{R_2} + \frac{1}{R} - \frac{1}{r}\right) \tag{1-13}$$

由此得接触弧长 L 为：

$$L = \sqrt{\frac{2\Delta h}{\dfrac{1}{R_1} + \dfrac{1}{R_2} + \dfrac{1}{R} - \dfrac{1}{r}}} \tag{1-14}$$

由图 1-3 几何关系看出，由于接触角 α_1 和 α_2 都很小，接触弧长在进给方向的投影长度 L 与接触弧长近似相等（以下都认为接触弧长投影与接触弧长相等），于是有

$$\alpha_1 \approx \frac{L}{R_1} \qquad \alpha_2 \approx \frac{L}{R_2} \tag{1-15}$$

将以上各式代入咬入条件中，整理得筒节咬入孔型条件与进给量关系式为：

$$\Delta h \leqslant \Delta h_{max} = \frac{8\beta^2 R_1}{(1 + R_1/R_2)^2}\left(1 + \frac{R_1}{R_2} + \frac{R_1}{R} - \frac{R_1}{r}\right) \tag{1-16}$$

式中，Δh_{max} 为筒节咬入孔型所允许的最大每转进给量或筒节最大每转壁厚减小量。式（1-16）表明，要使筒节连续咬入孔型，则每转进给量不得超过筒节咬入所允许的最大每转进给量。

1.1.1.3　轧制摩擦与咬入条件

式（1-16）表明，筒节轧制最大每转进给量与轧制摩擦角的平方成正比，亦即最大每转进给量随着轧制摩擦的增大而增加。轧制摩擦增大有利于筒节咬入孔型。

1.1.1.4　轧辊尺寸与咬入条件

式（1-16）对 R_1 求偏导数得

$$\frac{\partial \Delta h_{\max}}{\partial R_1} = \frac{8\beta^2}{\left(\dfrac{1}{R_1} + \dfrac{1}{R_2}\right)^2 R_1^2} \left[\frac{\dfrac{1}{R_1} + \dfrac{1}{R_2} + 2\left(\dfrac{1}{R} - \dfrac{1}{r}\right)}{\dfrac{1}{R_1} + \dfrac{1}{R_2}} \right] \tag{1-17}$$

整理：
$$\frac{\partial \Delta h_{\max}}{\partial R_1} \geqslant 0, \quad R_1 \leqslant \frac{R_2 R r}{2R_2(R - r) - Rr} \tag{1-18}$$

$$\frac{\partial \Delta h_{\max}}{\partial R_1} \leqslant 0, \quad R_1 \geqslant \frac{R_2 R r}{2R_2(R - r) - Rr} \tag{1-19}$$

由式（1-18）和式（1-19）可知。下辊半径 $R_1 \leqslant \dfrac{R_2 R r}{2R_2(R - r) - Rr}$ 时，咬入所允许的最大每转进给量随着 R_1 增大而增大，即此时 R_1 增大改善了咬入条件。当 $R_1 \geqslant \dfrac{R_2 R r}{2R_2(R - r) - Rr}$ 时，最大每转进给量随着 R_1 增大而减小，此时 R_1 增大恶化了咬入条件。

式（1-16）对 R_2 求偏导数得：

$$\frac{\partial \Delta h_{\max}}{\partial R_2} = \frac{8\beta^2}{\left(\dfrac{1}{R_1} + \dfrac{1}{R_2}\right)^2 R_2^2} \left[\frac{\dfrac{1}{R_1} + \dfrac{1}{R_2} + 2\left(\dfrac{1}{R} - \dfrac{1}{r}\right)}{\dfrac{1}{R_1} + \dfrac{1}{R_2}} \right] \tag{1-20}$$

整理：
$$\frac{\partial \Delta h_{\max}}{\partial R_2} \geqslant 0, \quad R_2 \leqslant \frac{R_1 R r}{2R_1(R - r) - Rr} \tag{1-21}$$

$$\frac{\partial \Delta h_{\max}}{\partial R_2} \leqslant 0, \quad R_2 \geqslant \frac{R_1 R r}{2R_1(R - r) - Rr} \tag{1-22}$$

由式（1-21）和式（1-22）表明，当上辊半径 $R_2 \leqslant \dfrac{R_1 R r}{2R_1(R - r) - Rr}$ 时，最大每转进给量随着 R_2 增大而增大，即 R_2 增大改善了咬入条件。当上辊半径 $R_2 \geqslant \dfrac{R_1 R r}{2R_1(R - r) - Rr}$ 时，最大每转进给量随着 R_2 增大而减小，即 R_2 增大恶化了咬入条件。

1.1.1.5　筒节尺寸与咬入条件

由式（1-16）可知，筒节外半径增大而内半径不变时，最大每转进给量减小，即筒节外半径增大而内半径不变，不利于筒节咬入。筒节内半径增大而外半径不变时，最大每转进给量增大，即筒节内半径增大而外半径不变，有利于筒节咬入。

1.1.1.6　轧制过程与筒节咬入条件

轧制过程中，筒节的壁厚逐渐减小，筒节的内半径逐渐趋近于筒节的外半径。相应地，$\dfrac{R_1}{R} - \dfrac{R_1}{r} = \dfrac{R_1(r-R)}{Rr}$ 是一缓慢的增函数，这表明筒节轧制过程中，咬入孔型所允许的最大每转进给量随着轧制进行而缓慢增大，在保持其他因素不变的条件下，只要筒节一经咬入孔型而建立起轧制过程，则筒节轧制可以始终满足咬入条件而使筒节连续咬入孔型。

若要改善筒节咬入孔型条件亦即增大最大每转进给量，可以考虑增大摩擦，增大或减小轧辊直径，减小轧制用毛坯壁厚。其中以增大轧辊与筒节之间的摩擦效果最好，也容易实现。所以实际筒节轧制生产中，通常都通过增大摩擦来改善咬入条件。

1.1.2　锻透条件

1.1.2.1　筒节锻透条件的力学模型

筒节连续咬入孔型只是使筒节产生轧制运动，不一定能保证筒节产生轧制变形，即筒节壁厚减小而直径扩大的塑性变形。所以，筒节咬入孔型仅是筒节轧制变形的必要条件。要使筒节既咬入孔型又产生轧制变形，除满足咬入条件外还应使筒节锻透，也就是满足筒节锻透条件。筒节锻透是指塑性区穿透筒节壁厚，筒节产生壁厚减小、直径扩大的塑性变形，所以筒节锻透条件是筒节轧制变形的充分条件。筒节锻透相当于有限高度块料拔长，塑性区穿透筒节壁厚的力学模型如图 1-4 所示。图中，L 为筒节接触弧长，h_a 为筒节轧制变形区的平均壁厚，且 $h_a = (h_0 + h)/2$。根据滑移线

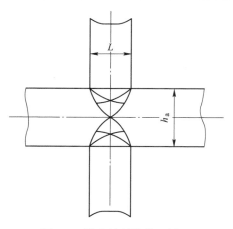

图 1-4　筒节轧制的锻透模型

理论对图 1-4 塑性变形进行分析得塑性区穿透筒节壁厚，即筒节锻透条件为：

$$\frac{L}{h_a} \geqslant \frac{1}{8.74} \tag{1-23}$$

由于 $h_0 = h + \Delta h$，所以 $h_a = \dfrac{h_0 + h}{2} = h + \dfrac{\Delta h}{2} \approx h = R - r$。将 $h = R - r$ 及接触弧长 L 表达式代入锻透条件，整理得筒节锻透条件与进给量的关系，亦即由进给

量表示的锻透条件为：

$$\Delta h \geqslant \Delta h_{\min} = 6.55 \times 10^{-3} R_1 \left(\frac{R}{R_1} - \frac{r}{R_1} \right)^2 \left(1 + \frac{R_1}{R_2} + \frac{R_1}{R} - \frac{R_1}{r} \right) \qquad (1\text{-}24)$$

式中，$\Delta h_{\min}$ 为筒节锻透所要求的最小每转进给量，亦即筒节最小的每转壁厚减小量。该式表明，要使筒节锻透产生轧制变形，则筒节轧制时的每转进给量不得小于锻透所要求的最小每转进给量。

1.1.2.2　轧辊尺寸与锻透条件

由式（1-24）得

$$\Delta h \geqslant \Delta h_{\min} = 6.55 \times 10^{-3} (R - r)^2 \left(\frac{1}{R_1} + \frac{1}{R_2} + \frac{1}{R} - \frac{1}{r} \right) \qquad (1\text{-}25)$$

上式表明，下辊半径 R_1 增大，锻透所要求的最小每转进给量减小，即下辊半径增大有利于筒节锻透。上辊半径 R_2 增大也使锻透所要求的最小每转进给量减小。所以下辊和上辊半径增大有利于筒节锻透。而下辊和上辊半径减小则不利于筒节锻透。这个结论有明显的几何意义：在每转进给量不变的情况下，轧辊半径增大，接触弧长也随之增大，筒节轧制变形的塑性区宽度增大，因而塑性区容易穿透筒节壁厚，即轧辊半径增大有利于改善筒节锻透条件。

1.1.2.3　筒节尺寸与锻透条件

分析式（1-25）可得，筒节内半径 r 不变而外半径 R 增大，最小每转进给量增大，这不利于筒节锻透。筒节外半径 R 不变而内半径 r 增大，最小每转进给量减小，这有利于筒节锻透。以上结论的几何意义是：筒节内半径不变而外半径增大，也就是筒节壁厚增大，塑性区穿透厚壁筒节所要求的最小每转进给量应随之增大，即这种情况不利于筒节锻透条件。筒节的外半径保持不变而内半径增大，也就是筒节壁厚减小，塑性区穿透较小壁厚的筒节所要求的最小每转进给量随之减小，即这种情况有利于筒节锻透条件。对于筒节内半径不变而外半径减小，筒节外半径不变而内半径减小，分别对应于筒节壁厚减小和筒节壁厚增大的情况。相应地，前者有利于锻透条件，后者不利于锻透条件。

1.1.2.4　轧制过程与锻透条件

随着筒节轧制过程的进行，筒节的内外径扩大而壁厚减小，塑性区穿透壁厚减小，筒节所要求的最小每转进给量减小，即筒节轧制过程中的锻透条件比筒节初始轧制时的锻透条件更容易满足。这表明只要在筒节轧制开始时塑性区穿透筒节壁厚，则在其他条件不变时整个轧制过程中塑性区都会穿透筒节壁厚，即筒节锻透条件都会得到满足。要改善筒节轧制的锻透条件，可以考虑增大每转进给量、增大轧辊半径、减小筒节壁厚等措施。在轧环机设备能力许可的条件下增大每转进给量，或在制坯加工许可情况下减小轧制用筒节毛坯的壁厚，是改善筒节轧制锻透条件的有效且可行的方法。

1.2 大型筒节轧制力计算模型

1.2.1 数学模型的建立

1.2.1.1 力平衡微分方程

图 1-5 是大型筒节轧制过程示意图。其中，v_1 和 v_2 分别是上辊和下辊表面线速度，n_1 和 n_2 分别是上辊和下辊转速，R_1 和 R_2 分别是上辊和下辊半径，l_1 和 l_2 分别是上辊和下辊接触弧长，x_{n1} 和 x_{n2} 分别是上中性点和下中性点，H 和 h 分别是筒节入口和出口厚度。筒节轧机的上辊和下辊都是驱动辊，上辊是可移动辊，轧制前先将上辊抽出，将筒节吊放到轧机中，然后将上辊推入并锁紧，开始轧制。筒节轧机上辊和下辊的直径不同、速度不同、摩擦状态不同，筒节轧制属于异步轧制。设上辊速度小于下辊速度，由异步轧制理论可知，轧制变形区可以分为三个区：入口区Ⅰ、搓轧区Ⅱ和出口区Ⅲ。在Ⅰ区中，轧件的速度低于上下轧辊的速度，轧件上下表面所受摩擦力方向指向出口侧；在Ⅱ区中，上辊速度小于轧件速度，下辊速度大于轧件速度，轧件上表面所受摩擦力方向指向入口侧，轧件下表面所受摩擦力方向指向出口侧，上下表面摩擦力相反，呈搓轧状态；在Ⅲ区中，轧件的速度高于上下轧辊的速度，轧件上下表面所受摩擦力方向入口侧。在变形区Ⅲ中任意取一微元体，其受力模型如图 1-6 所示，其中 p_1 和 p_2 分别是上辊和下辊单位轧制力，σ_1 和 σ_2 分别是筒节内外表面的张应力，τ_1 和 τ_2 分别是筒节内外表面的摩擦力，O_M 是微元体左侧截面中点。

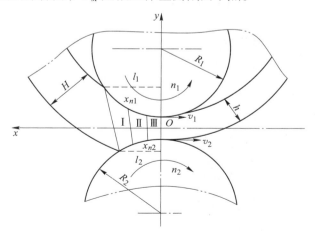

图 1-5 大型筒节轧制过程示意图

基于以下假设，建立大型筒节轧制过程力学模型：

（1）轧辊是刚体，轧件是刚塑性材料，忽略轧件沿宽度方向的变形。

（2）轧制过程是稳定轧制。

（3）考虑沿厚度方向的张应力分布和剪力分布，假设均为线性分布。

（4）摩擦条件满足库仑摩擦。

（5）接触弧长满足抛物线分布，有：

$$h_x = h + x^2/R_{eq} \tag{1-26}$$

其中，$R_{eq} = 2R_1R_2/(R_1 + R_2)$。

如图 1-6 所示，根据水平和垂直方向受力平衡和 O_M 点力矩平衡，可得平衡微分方程为：

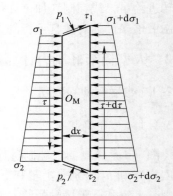

图 1-6　变形区微元体受力模型

$$\frac{\sigma_1 + \sigma_2}{2}\frac{dh_x}{dx} + \frac{h_x}{2}\left(\frac{d\sigma_1}{dx} + \frac{d\sigma_2}{dx}\right) + (\tau_1 + \tau_2) - (p_1\tan\theta_1 + p_2\tan\theta_2) = 0$$

$$(p_2 - p_1)dx + (\tau_2\tan\theta_2 - \tau_1\tan\theta_1)dx + \tau dh_x + h_x d\tau = 0$$

$$-\frac{1}{12}(\sigma_2 - \sigma_1)h_x^2 + \frac{1}{12}(\sigma_2 - \sigma_1 + d\sigma_2 - d\sigma_1)(h_x + dh_x)^2 -$$

$$(\tau + d\tau)(h_x + dh_x)dx - \frac{1}{2}\tau_1 h_x\cos\theta_1 ds_1 + \frac{1}{2}\tau_2 h_x\cos\theta_2 ds_2 +$$

$$\frac{1}{2}p_1 ds_1^2 + \frac{1}{2}p_1 h_x\sin\theta_1 ds_1 - \frac{1}{2}p_2 ds_2^2 - \frac{1}{2}p_2 h_x\sin\theta_2 ds_2 = 0$$

由图 1-5 几何关系和方程（1-26）可得 $ds_1 = dx/\cos\theta_1$，$ds_2 = dx/\cos\theta_2$，$dh_x/dx = 2x/R_{eq}$，将其代入上式化简可得：

$$\left(\frac{p_1}{R_1} + \frac{p_2}{R_2}\right)x - \frac{x}{R_{eq}}(\sigma_1 + \sigma_2) - \frac{h_x}{2}\left(\frac{d\sigma_1}{dx} + \frac{d\sigma_2}{dx}\right) - (\tau_1 + \tau_2) = 0 \tag{1-27}$$

$$\frac{\tau}{R_{eq}}\cdot 2x + (p_2 - p_1) + \left(\frac{\tau_2}{R_2} - \frac{\tau_1}{R_1}\right)x + h_x\frac{d\tau}{dx} = 0 \tag{1-28}$$

$$\frac{h_x}{12}\left(\frac{d\sigma_1}{dx} - \frac{d\sigma_2}{dx}\right) + \frac{xh_x}{2R_1}(\sigma_1 + \sigma_2) - \frac{xh_x}{6R_{eq}}(\sigma_1 + 5\sigma_2) +$$

$$h_x\tau + \frac{xh_x}{2}\left(\frac{p_2}{R_2} - \frac{p_1}{R_1}\right) + \frac{h_x}{2}(\tau_1 - \tau_2) = 0 \tag{1-29}$$

根据平面应变条件下的塑性条件：

$$(\sigma_x - \sigma_y)^2 + 4\tau_{xy}^2 = 4k^2$$

由于 $\sigma_x = -\sigma$，$\sigma_y = -p$，$\tau_{xy} = \tau$，因此可得其屈服条件为：

$$\begin{cases} \sigma_1 = p_1 - 2\sqrt{k^2 - \tau_1^2} \\ \sigma_2 = p_2 - 2\sqrt{k^2 - \tau_2^2} \end{cases} \tag{1-30}$$

摩擦条件采用库仑摩擦：

$$\begin{cases} \tau_1 = \mu_1 p_1 \\ \tau_2 = \mu_2 p_2 \end{cases} \tag{1-31}$$

变形区中不同分区摩擦力的方向不同。

将屈服条件式（1-30）和摩擦条件式（1-31）代入式（1-27）~式（1-29）中，可得：

$$\frac{\mathrm{d}p_1}{\mathrm{d}x} = A - B \tag{1-32}$$

$$\frac{\mathrm{d}p_2}{\mathrm{d}x} = A + B \tag{1-33}$$

$$\frac{\mathrm{d}\tau}{\mathrm{d}x} = \frac{x}{h_x}\left(\frac{\tau_2}{R_2} - \frac{\tau_1}{R_1}\right) + \frac{P_1 - P_2}{h_x} - \frac{2x}{R_{eq}h_x}\tau \tag{1-34}$$

其中：

$$A = \frac{x}{h_x}\left(\frac{p_1}{R_1} + \frac{p_2}{R_2}\right) - \frac{x}{R_{eq}h_x}(\sigma_1 + \sigma_2) - \frac{1}{h_x}(\tau_1 + \tau_2)$$

$$B = \frac{6}{h_x}\tau + \frac{3x}{h_x}\left(\frac{p_2}{R_2} - \frac{p_1}{R_1}\right) + \frac{3x}{R_1 h_x}(\sigma_1 + \sigma_2) + \frac{3}{h_x}(\tau_1 - \tau_2) - \frac{x}{R_{eq}h_x}(\sigma_1 + 5\sigma_2)$$

1.2.1.2　接触弧长模型

图 1-7 给出了筒节轧制过程几何关系图。R_1 和 R_2 分别为筒节轧机上辊半径和下辊半径，R 和 r 分别为筒节的外径和内径，O_1 和 O_2 分别为轧制过程上辊和下辊的中心，AE 是上辊压下量 Δh_1，DH 是下辊压下量 Δh_2，BF 近似等于上辊接触弧长 l_1，CH 近似等于下辊接触弧长 l_2。以筒节圆心 O 为坐标原点，根据其几何关系，可知 $\overset{\frown}{AB}$、$\overset{\frown}{BE}$、$\overset{\frown}{CD}$ 和 $\overset{\frown}{CG}$ 的曲线方程分别为：

$$y = -\left[r + AE - \left(R_1 - \sqrt{R_1^2 - x^2}\right)\right] \tag{1-35}$$

$$y = -\sqrt{r^2 - x^2} \tag{1-36}$$

$$y = -\left[R - DG + \left(R_2 - \sqrt{R_2^2 - x^2}\right)\right] \tag{1-37}$$

$$y = -\sqrt{R^2 - x^2} \tag{1-38}$$

当 $x = l_1$ 时，$\overset{\frown}{AB}$ 和 $\overset{\frown}{BE}$ 相交于 B 点，有

$$AE = \frac{l_1^2}{2}\left(\frac{1}{R_1} - \frac{1}{r}\right) \tag{1-39}$$

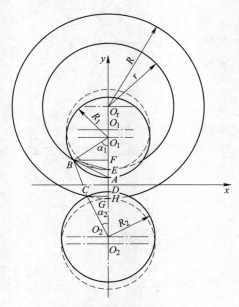

图 1-7　筒节轧制过程几何关系图

当 $x=l_2$ 时，$\overset{\frown}{CD}$ 和 $\overset{\frown}{CG}$ 相交于 C 点，有

$$DG = \frac{l_2^2}{2}\left(\frac{1}{R_2} + \frac{1}{R}\right) \tag{1-40}$$

又因为 $AE = \Delta h_1$，$DG = \Delta h_2$，且 $\Delta h_1 + \Delta h_2 = \Delta h$，可得：

$$\frac{l_1^2}{2}\left(\frac{1}{R_1} - \frac{1}{r}\right) + \frac{l_2^2}{2}\left(\frac{1}{R_2} + \frac{1}{R}\right) = \Delta h \tag{1-41}$$

由于 $\Delta h_1 = \Delta h_2$，有

$$l_1^2\left(\frac{1}{R_1} - \frac{1}{r}\right) = l_2^2\left(\frac{1}{R_2} + \frac{1}{R}\right) \tag{1-42}$$

求解方程式（1-41）和式（1-42），可得 l_1 和 l_2。

$$L = (l_1 + l_2)/2 \tag{1-43}$$

1.2.1.3　材料变形抗力模型

我们以加氢反应器筒节为研究对象，其材料为 2.25Cr1Mo0.25V，在 Gleeble-3500 热模拟试验机上进行变形抗力测定试验，得到了筒节材料 2.25Cr1Mo0.25V 变形抗力的数学模型，关于材料变形抗力模型可以详细参考本书第 4 章内容。

动态回复型变形抗力数学模型为

$$\sigma = 5.18\exp\left(\frac{3495.32}{T} - 0.165\dot{\varepsilon} + 0.165\right)\varepsilon^{0.157092}\dot{\varepsilon}^{0.12} \tag{1-44}$$

动态再结晶型变形抗力数学模型为

$$\sigma = 1.5695\exp\left[\frac{6012.051}{T} - (\dot{\varepsilon} - 0.001)^{0.505} - 0.72\varepsilon\right]\varepsilon^{0.245}\dot{\varepsilon}^{0.288} \quad (1\text{-}45)$$

式中，σ 为真应力；ε 为真应变；$\dot{\varepsilon}$ 为应变速率；T 为温度。

图 1-8 所示为变形抗力曲线的模型计算值和实测值对比图。实线是模型的计算值，实心点是实测值，从图中 1-8 可以看出，当 $\dot{\varepsilon} = 0.01\mathrm{s}^{-1}$、$\dot{\varepsilon} = 0.1\mathrm{s}^{-1}$ 和 $\dot{\varepsilon} = 1\mathrm{s}^{-1}$ 时，模型计算结果与实测结果吻合很好，误差很小；当 $\dot{\varepsilon} = 0.001\mathrm{s}^{-1}$ 时，模型计算结果与实测结果的最大误差仅为 7.5%，模型计算精度较高。

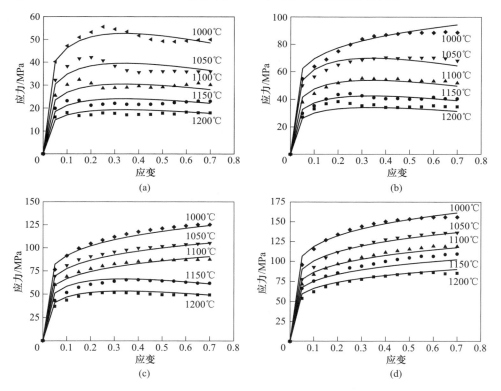

图 1-8 应力-应变曲线模型计算值(实线)和实测值(点线)对比图

(a) $\dot{\varepsilon} = 0.001\mathrm{s}^{-1}$；(b) $\dot{\varepsilon} = 0.01\mathrm{s}^{-1}$；(c) $\dot{\varepsilon} = 0.1\mathrm{s}^{-1}$；(d) $\dot{\varepsilon} = 1\mathrm{s}^{-1}$

1.2.1.4 计算流程

图 1-9 是筒节轧制力计算流程图。首先根据式（1-41）~式（1-43）计算出接触弧长 L，然后求解微分方程组式（1-32）~式（1-34）计算 p_1、p_2 和 τ，采用的方法是四阶龙格库塔算法，求解关键是确定上下中性点 x_{n1} 和 x_{n2}。结合变形区边界条件，采用二分法优化确定：假设入口和出口平均张应力为

零 $(\sigma_1 + \sigma_2)/2 = 0$，即稳定轧制状态时入口出口不存在张应力，先将 x_{n2} 置于两个极限位置，一个接近入口区，另一个接近出口区，根据体积不变定律可以计算出 x_{n1}，接着由微分方程组式（1-32）~式（1-34）可以计算出入口平均张应力，根据平均张应力的大小可调整 x_{n2} 的位置，当平均张应力为负时，x_{n2} 接近出口区，取入口侧区间，当平均张应力为正时，x_{n2} 接近入口区，取出口侧区间，往复迭代，直到满足入口平均张应力为零的条件，循环终止。最后可得到准确的轧制力、轧制力矩、剪应力和张应力分布等。

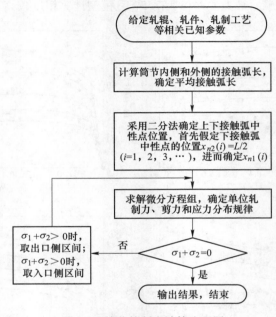

图1-9　筒节轧制力计算流程图

1.2.2　大型筒节轧透性分析

轧透性是指在轧制时筒节塑性变形所能达到的深度。根据塑性成形理论，当应变小于 0.2% 其变形很难保持下来，因此选择 0.2% 为应变临界点，当心部等效塑性应变值大于 0.2% 时，认为筒节被轧透，即此时锻透性为 100%。我们采用 MARC 软件分析筒节的轧透性，以 MARC 中等效应变值 0.2% 作为筒节轧透的单元临界屈服条件。根据上述方法采用有限元软件 MARC 进行仿真分析，取压下率分别为 0.6%、0.8% 和 1.5% 进行仿真计算，得到筒节等效应变分布情况如图1-10所示。由图1-10可知筒节等效塑性变形最先发生在上辊接触面，随后向中心发展，当发展到一定位置，下辊接触面开始产生塑性变形，然后两股塑性区沿相反方向向中心扩展直至汇合，可知满足筒节轧透的临界压下率约为 0.8%，所以在制订筒节轧制规程时压下率设定应大于临界压下率。

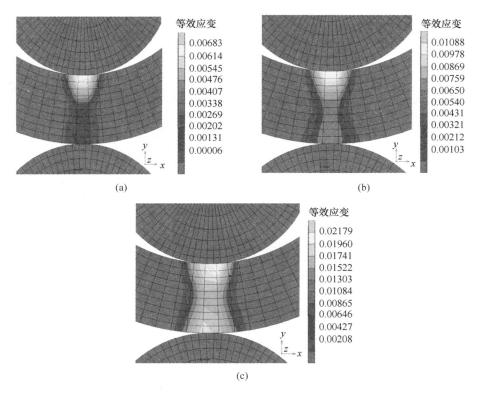

(a)

(b)

(c)

图 1-10 不同压下率时大型筒节的等效塑性应变

（a）$\Delta h/h = 0.6\%$；（b）$\Delta h/h = 0.8\%$；（c）$\Delta h/h = 1.5\%$

1.2.3 计算结果分析

以某厂 3700mm 筒节轧机为研究对象，选取不同轧制条件的筒节轧制算例，根据所建模型计算轧制力、剪应力、摩擦力和张应力等参数。表 1-1 是某 3700mm 筒节轧机轧制参数算例。由表 1-1 可知，算例均满足筒节轧透性条件，计算轧制力和实测轧制力的误差在 10% 以内，能够满足工业应用要求，同时证明我们所建模型的正确性。

表 1-1 大型筒节轧制算例计算参数

参 数	算例 1	算例 2	算例 3	算例 4	算例 5	算例 6
外径/mm	5334	5160	5315	5174	5377	5576
入口厚度/mm	586	584	530	590	523	504

参　数	算例 1	算例 2	算例 3	算例 4	算例 5	算例 6
压下量/mm	36	30	31	34	25	35
温度/℃	980	1150	1264	1173	890	930
速度/mm·s⁻¹	150	150	150	150	150	150
宽度/mm	2770	2880	3130	2680	2920	2595
实测轧制力/kN	64825	33054	31841	28233	42810	64035
计算轧制力/kN	58715	30534	34392	30759	45312	59396
误差/%	9.4	7.6	8	8.9	5.8	7.2

　　图 1-11 是不同压下量条件下筒节单位轧制压力沿接触弧长的分布。由图 1-11 可知，当 $\Delta h \leqslant 20\text{mm}$ 时，由于压下量较小，接触弧长变小，同时筒节变形区只有前后滑区、搓轧区消失，不利于筒节轧制过程的稳定；当 $\Delta h = 30\text{mm}$ 时，筒节轧制出现三个区，前滑区较小，搓轧区和后滑区较大，对比 $\Delta h = 40\text{mm}$ 和 $\Delta h = 50\text{mm}$ 时发现，当压下量增加，前滑区逐渐增大，搓轧区和后滑区逐渐减小，适当增大压下量，形成适当比例的搓轧区有利于轧制过程的稳定。

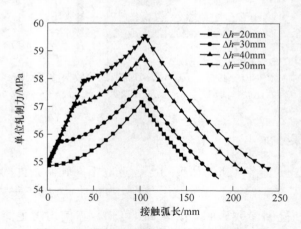

图 1-11　不同压下量条件下单位轧制力分布

　　图 1-12 是不同压下量条件下筒节平均剪应力沿接触弧长的分布。由图 1-12 可知，平均剪应力沿接触弧长逐渐增加，筒节入口达到最大，筒节出口处为零，前滑区剪应力较小，搓轧区和后滑区剪应力逐渐增加，其中搓轧区剪应力增大速率较大。随着筒节压下量的增加，平均剪应力减小，出口剪应力数值接近，因此压下量对平均剪应力的影响不大。

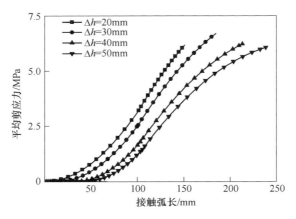

图 1-12 不同压下量条件下平均剪应力分布

图 1-13 是不同上下轧辊速比的单位轧制力分布。由图 1-13 可知,当 $v_2/v_1=1$ 和当 $v_2/v_1 \geqslant 1.02$ 时,筒节轧制变形区不存在搓轧区;当 $1<v_2/v_1<1.02$ 时,随着速比的增大,搓轧区逐渐增大,前滑区逐渐减小。由于筒节轧制是异步轧制,变形区呈非对称分布、上下辊径不同,上下轧辊必然存在速比,由图 1-13 可知,上下轧辊速比对轧制过程稳定性影响很大,为满足轧制过程稳定性和异步轧制条件,轧制速比应小于 1.02。

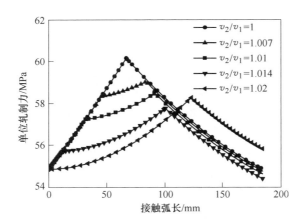

图 1-13 不同上下轧辊速比的单位轧制力分布

图 1-14 是不同上下轧辊速比时平均剪应力分布。由图 1-14 可知,当速比 $v_2/v_1=1$ 时,平均剪应力很小,约为 0.14MPa;随着速比的增大,平均剪应力逐渐增大,当 $v_2/v_1=1.02$ 时,平均剪应力达到 9MPa,由此可知速比的变化对平均剪应力影响较大。

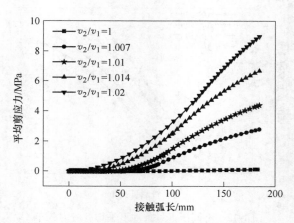

图 1-14　不同上下轧辊速比的平均剪应力分布

1.3　大型筒节轧制力快速预报模型

目前大型筒节轧机轧制力预报模型大部分是经验公式模型，精度和稳定性都有待提高。基于有限元法和其他数值计算方法得到的轧制力模型，能够准确预报筒节金属流动和力学性能参数，但计算效率低，很难在线应用。我们提出一种大型筒节轧制力预报模型，可以准确预报筒节轧制力。

1.3.1　数学模型的建立

1.3.1.1　轧制力计算模型

目前普遍应用的热轧轧制力计算模型为

$$P = Bl_c Q_p \sigma_m \tag{1-46}$$

式中，P 为轧制力；B 为板宽；l_c 为考虑弹性压扁的接触弧长；Q_p 为外摩擦应力状态系数；σ_m 为金属变形抗力。

由于在筒节轧制过程中，$l_c/h_m < 1$，h_m 为轧件出口和入口的平均厚度，接触摩擦对平均单位轧制力的影响很小，又由于轧件是筒形件，外端使出口和入口断面产生附加应力，此时在轧制力模型中的外摩擦应力状态影响系数应该变为外端应力状态影响系数 Q_r。由于筒节轧制时 l_c/h_m 很小，常规粗轧板带的 Q_r 求解公式已经不适用，因此 Q_r 的精确计算决定了大型筒节轧制力的计算精度。

1.3.1.2　筒节轧制接触弧长计算模型

图 1-7 已经给出了筒节轧制过程几何关系图，几何关系如前所述，这里不再

赘述。由于筒节轧制过程是非对称轧制，上辊和下辊直径不同，筒节内外表面呈圆弧状，其与上下轧辊的接触弧长必然不同，上下轧辊对筒节的压下量也是非对称的，式（1-41）已经给出了筒节内外表面接触弧长的几何条件关系，要求解出内外表面接触弧长，还需要根据轧制过程筒节变形给出内外表面接触弧长的变形协调方程。筒节内外表面接触弧长是压下量、筒节内外径、轧辊直径等工艺参数的函数，可以将其关系表示为

$$l_1/l_2 = f(\Delta h, R, r, R_1, R_2, \cdots) \tag{1-47}$$

式（1-47）具体形式的确定是根据有限元模型仿真回归确定，我们在后续内容中将给出详细分析。那么，联合求解方程式（1-41）和式（1-47），则可得 l_1 和 l_2。

筒节轧制轧辊弹性压扁对接触弧长的影响很大，上面得到的接触弧长未考虑轧辊的弹性压扁，为保证计算的精确性，根据赫希柯克公式计算考虑弹性压扁的接触弧长有

$$l_c = \sqrt{R\Delta h + [8Rp(1 - \nu^2)/(\pi E)]^2} + 8Rp(1 - \nu^2)/(\pi E) \tag{1-48}$$

式中，l_c 为考虑弹性压扁的接触弧长；Δh 为道次压下量；R 为轧辊平均半径，$R = (R_1 + R_2)/2$；p 为单位轧制力；ν 为泊松比；E 为轧辊材料弹性模量。

1.3.1.3 外端应力状态影响系数 Q_r 的计算模型

由上述分析可知，联立式（1-46）、式（1-48）和上述变形抗力模型式（1-44）和式（1-45），可得外端应力状态影响系数 Q_r，$Q_r = P/(Bl_c\sigma_m)$，而 Q_r 是 l_c/h_m 的函数，即 $Q_r = f(l_c/h_m)$。筒节轧制生产过程中，轧制过程中的轧制力、筒节入口和出口厚度、压下量、轧制速度、温度、筒节宽度、筒节轧前轧后的内外径和变形抗力等参数是已知的或者通过一定的模型可计算得到的，那么如果已知现场的 n 组轧制数据 $\{P_i, h_{0i}, h_{1i}, \Delta h_i, v_i, T_i, B_i, R_{0i}, R_{1i}, r_{0i}, r_{1i}, \ i = 1, 2, 3, \cdots, n\}$，就可以相应得到 n 组外端应力状态影响系数 $\{Q_{ri}, \ i = 1, 2, 3, \cdots, n\}$。为了求出外端应力状态影响系数，可以 l_{ci}/h_{mi} 为横坐标、Q_{ri} 为纵坐标，对 n 组数据进行多项式数据拟合，求出外端应力状态影响系数模型为

$$Q_r = \sum_{i=0}^{m} a_i \left(\frac{l_c}{h_m}\right)^i \tag{1-49}$$

式中，m 为多项式拟合次数；a_i 为拟合系数。

模型的精度取决于样本的数量和质量，而现场得到的数据量很大，如果随机选取的话，那么计算误差将会很大。选取样本的合理方法是基于现场数据样本使其最大限度的满足式（1-49），因此，采用如下优化算法，首先构造控制函数。

$$\varphi_i(x) = \left| Q_r - \sum_{j=0}^{m} a_j \left(\frac{l_c}{h_m}\right)^j \right| \quad (x = a_j, \ j = 1, 2, \cdots, m) \tag{1-50}$$

基于式（1-50），构造优化算法的目标函数为

$$F(x) = \sqrt{\sum_{i=1}^{n} \left[\varphi_i(x) \right]^2} \tag{1-51}$$

因此，求解外端应力状态影响系数模型的问题可以转化为寻找合适的 $x = a_j$，$j = 1, 2, \cdots, m$，在满足优化条件的前提下，使目标函数 $F(x)$ 最小。

1.3.2　基于 FEM 的筒节非对称轧制模拟

我们采用弹塑性有限元方法对大型筒节轧制过程进行模拟计算，一方面验证所提理论模型计算精度的准确性，另一方面将有限元计算得到的多组数据通过多变量拟合为前面部分提供筒节接触弧长的变形协调方程的具体形式。

大型筒节热轧成形是一个受多种因素交互影响的复杂成形过程。轧制过程中，筒节变形区发生厚度减小、内外侧不均匀伸展、轴向宽展的塑性变形，同时筒节与轧辊和周围环境存在着热交换，变形过程中的塑性变形功和摩擦功转化为热能，影响筒节温度分布和金属力学性能的改变，进而影响金属流动性能。假设轧辊是刚体，筒节是弹塑性体，建立有限元模型；变形区内摩擦规律服从库仑摩擦；筒节材料的变形抗力采用式（1-44）和式（1-45）所建的模型。耦合分析中，筒节与轧辊之间热传导，筒节与轧辊以及两者与环境之间存在热交换，简化处理后可直接采用接触换热系数来描述工件与轧辊之间的热传递行为，其表达式为

$$q = \alpha_{CT}(T_B - T_A) \tag{1-52}$$

式中，q 为热流量；T_B、T_A 分别为轧辊温度和工件温度；α_{CT} 为接触换热系数。

$$\alpha_{CT} = 2.857 \times 10^4 k' \left[p / \sigma(T, \varepsilon, \dot{\varepsilon}) \right]^{1.7} \tag{1-53}$$

$$k' = k_B k_A / (k_B + k_A) \tag{1-54}$$

$$T = T_A + (T_B - T_A) \rho_B c_{PB} / (\rho_A c_{PA} + \rho_B c_{PB}) \tag{1-55}$$

式中，p 为单位轧制力；k_A、k_B 分别为轧件和轧辊的热导率；ρ_A、ρ_B 分别为轧件和轧辊的密度；c_{PA}、c_{PB} 分别为轧件和轧辊的定容比热容。

筒节、轧辊与环境之间的热交换仅考虑对流换热，表示为

$$q = \alpha_{CVE}(T_{INK} - T_A) \tag{1-56}$$

式中，α_{CVE} 为工件与环境的对流换热系数；T_{INK} 为环境温度。

大型筒节轧制过程有限元模型仿真参数见表 1-2。图 1-15 所示为基于有限元方法计算得到的大型筒节轧制力曲线。由图 1-15 可知，轧制前几秒由于筒节轧制咬入，轧制力曲线波动较大，然后轧制力趋于稳定，计算可得 3~60s 之间的平均轧制力为 36944kN，实测数据为 38751kN，计算误差为 4.7%。有限元模型的计算精度较高，能够满足工业要求，这证明了有限元模型的正确性。

表 1-2 模拟计算轧制参数

上辊直径/mm	下辊直径/mm	筒节外径/mm	筒节内径/mm	筒节宽度/mm
1800	2000	5960	4680	1955

轧制速度/mm·s⁻¹	轧辊弹性模量/GPa	摩擦系数	轧制温度/℃	道次压下量/mm
106	2.1	0.5	1060	35

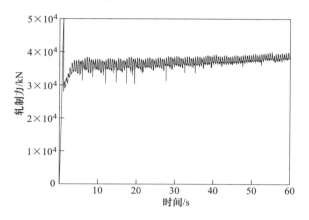

图 1-15 基于有限元法的筒节轧制力

基于建立的有限元模型，利用大量现场数据进行筒节轧制模拟，然后分别提取筒节内外表面的接触弧长和上下辊压下量数据，结果如图 1-16 所示，采用多变量非线性拟合可以得到内外表面接触弧长的变形方程。筒节内外表面接触弧长是轧制工艺参数的函数，根据多次样本数据试验，我们选取相关性最大的 $x_1 = \Delta h$ 和 $x_2 = R - r$ 两个参数作为拟合参数，可得到筒节内外表面接触弧长与参数的关

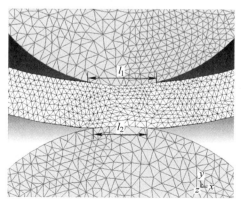

图 1-16 内外表面非对称接触弧长和压下量

系式为

$$l_1/l_2 = \alpha_0 + \alpha_1 x_1 + \alpha_2 x_2 + \alpha_3 x_1^2 + \alpha_4 x_2^2 \qquad (1\text{-}57)$$

1.3.3　结果分析与讨论

图 1-17 所示为计算得到的上辊和下辊的接触弧长。由图 1-17 可知，上下辊的接触弧长不等，上辊接触弧长稍大于下辊接触弧长，上辊和下辊的接触弧长之比约为 1.3。在选取不同的压下量和不同的筒节尺寸数据中，上辊最大接触弧长为 210mm，对应下辊接触弧长为 159mm。这是由于筒节截面呈环形，弯曲曲率一般在 0.15m⁻¹左右，而上下轧辊辊径相差不多（上辊直径为 1800mm，下辊直径为 2000mm），因此筒节内侧弧面与轧辊接触区较大，外侧面与轧辊的接触类似于 2 个圆柱体的接触，接触区相对较短。

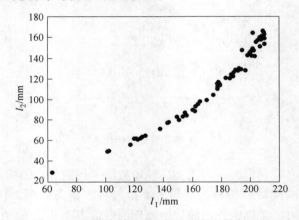

图 1-17　筒节轧制时的上辊和下辊的接触弧长

图 1-18 所示为计算得到的筒节内外侧的压下量。由图 1-18 可知，轧制过程

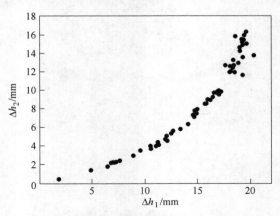

图 1-18　筒节轧制时内外侧的压下量

中筒节内外侧压下量不同，内侧压下量稍大于外侧压下量，轧制过程是非对称变形过程；在选取不同的压下量和不同的筒节尺寸数据中，上辊最大压下量为 19.7mm，对应下辊压下量为 15.1mm，压下量的分布和原因与接触弧长相似。

图 1-19 所示为计算得到的 Q_r 与 l_c/h_m 的关系曲线。由图 1-19 可以看出，拟合模型的精度与实测数据非常接近，模型精度较高。其数学模型表达式为：

$$Q_r = \sum_{i=0}^{5} a_i (l_c/h_m)^i$$

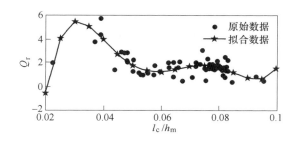

图 1-19 Q_r 与 l_c/h_m 的关系曲线

图 1-20 所示为我们所建模型轧制力预报结果和实测轧制力结果对比图。由图 1-20 可知，我们所建模型计算轧制力与实测轧制力非常接近，平均误差为 9.2%，当轧制力大于 80000kN 时，计算误差稍大，模型的总体计算精度较高，同时我们的模型简单，实用性强，能够满足工程应用要求。

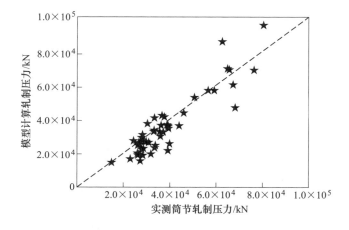

图 1-20 模型计算和实测轧制力结果对比图

　　本章总结了大型筒节轧制的基本条件，确定了双辊驱动时筒节轧制的咬入条件和锻透条件。为了准确计算筒节轧制力，建立了一种基于切块法的考虑筒节不均匀应力分布的轧制力计算模型，计算了轧制筒节的中性点、剪应力、张应力和轧制力等。基于现场数据和优化算法，得到了外端应力状态影响系数，建立了大型筒节快速轧制力预报模型，计算轧制力与实测轧制力接近，能够满足应用要求。

第 2 章　基于条元法的大型筒节轧制塑性变形模拟

<<<<<<<<<<<<<<<<<<<<<<<<<<<<<<<<<<<<<<<<<<<<<<<<<<<<<<<<<<<<

　　轧制过程三维变形模拟常用的方法有条元法和有限元法。有限元功能强大，能够处理复杂问题，但计算时间长，对于大型轧件问题尤为突出。而模拟板带轧制的条元法可使问题降维，计算量大大减少，适合工程应用。条元法主要包括模拟板带冷轧的矩形条元法和流线条元法，模拟板带热轧的流面条元法和条层法。这些方法采用样条插值函数拟合横向位移，由于待定参数较多，影响收敛速度和计算的稳定性，且是针对上下轧辊对称、同步轧制问题，没有考虑轧辊不对称的异步轧制问题。针对大型筒节异步轧制过程，本章提出一种新型条层法来模拟筒节轧制三维变形，考虑筒节轧制过程中异步轧制特性、应力与变形不均匀分布的特点，按照金属流动轨迹，将变形区沿宽度方向分条、径向厚度方向分层，横向位移函数采用多项式表示，减少优化参数，提高计算速度和稳定性。根据塑性力学流动理论，建立大型筒节轧制过程三维应力与变形数学模型。

2.1　条层分割模型与横向位移函数

2.1.1　基本假设

　　大型筒节轧制示意图如图 2-1 所示，阴影部分为变形区。坐标系原点建立在变形区出口中心处，x 轴方向与轧制方向相反，y 轴方向沿轧件宽度方向，z 轴方向沿轧件径向厚度方向。R_1 为上辊半径，R_2 为下辊半径，R 为筒节外半径，r 为筒节内半径。三维变形与应力数学模型基于以下基本假设：

　　（1）轧制过程是稳定轧制过程；

　　（2）轧件在辊缝内视为刚塑性体，在辊缝外考虑其弹性变形，上、下轧辊为刚体；

　　（3）变形区入口和出口横截面是垂直的；

　　（4）大型筒节与轧辊的接触表面分为滑动区和停滞区，滑动区摩擦应力按库仑摩擦计算，停滞区摩擦应力采用剪切摩擦模型。

2.1.2　条层分割模型

　　由于大型筒节厚度较大，造成轧制过程中侧边出现双鼓形。为了更准确地描述金属的三维变形，本章采用宽度方向分条，厚度方向分层的条层法。如图 2-2

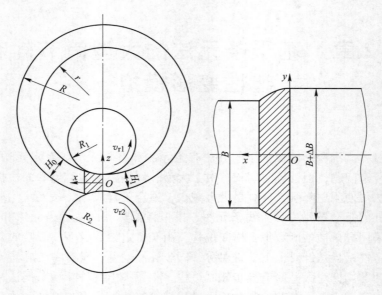

图 2-1　大型筒节轧制示意图

所示，沿筒节径向厚度方向均匀分为 m 层，对于每一层沿宽度方向划分为 n 个条元。变形区出口处各层 z 向的坐标依次为 z_0，z_1，$\cdots$，z_m，横坐标为 $y_i(i = 0$，1，2，$\cdots$，$n)$，m、n 为偶数。

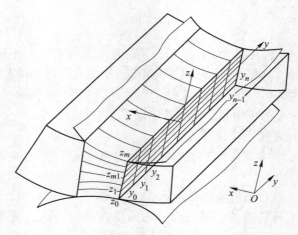

图 2-2　变形区条层划分模型

2.1.3　横向位移函数

变形区内金属的横向流动对单位轧制压力分布，接触表面摩擦力和前、后张应力的横向分布等影响很大。因此，研究金属三维塑性变形问题，首先需要确定变形区金属的横向位移。

设变形区金属的横向位移函数 $W(x, y, z)$ 为如下的分离变量模型

$$W(x, y, z) = f(x) U(y, z) \tag{2-1}$$

式中　$f(x)$——横向位移沿纵向（x 方向）分布的函数；

　　　$U(y, z)$——变形区出口横向位移函数。

根据轧制筒节边缘形状曲线，得出 $f(x)$ 的表达式

$$f(x) = 1 - 4\left(\frac{x}{L}\right)^2 + 3\left(\frac{x}{L}\right)^4 \tag{2-2}$$

式中　L——变形区长度，mm。

考虑金属三维变形沿厚度方向的变化，同时为使问题求解方便，将出口横向位移函数 $U(y, z)$ 表示为如下分离变量模型

$$U(y, z) = u(y) g(z) \tag{2-3}$$

式中　$u(y)$——出口横向位移沿横向（y 方向）分布的函数，最终由优化求解得出；

　　　$g(z)$——出口横向位移沿厚向（z 方向）分布的函数，最终由优化求解得出。

传统冷轧带钢条元法出口横向位移用条元节线上的出口横向位移 $u_i = u(y_i)$ 表示。条元内的位移再用节线上的位移进行线性插值、三次样条插值或 B3 样条插值。最终求解需要优化 n 个节线上的出口横向位移 $u_1, u_2, \cdots, u_n$，优化的参数较多，且对横向位移初值的依赖较强，程序不易收敛。针对上述问题，本章将出口横向位移沿横向分布的函数 $u(y)$ 视为一个五次多项式

$$u(y) = a_0 + a_1\left(\frac{2y}{B}\right) + a_2\left(\frac{2y}{B}\right)^2 + a_3\left(\frac{2y}{B}\right)^3 + a_4\left(\frac{2y}{B}\right)^4 + a_5\left(\frac{2y}{B}\right)^5 \tag{2-4}$$

式中　B——轧件的初始宽度，m；

　　$a_0 \sim a_5$——待定优化参数。

根据实际轧制中筒节自由端面形状，将出口横向位移沿厚向分布函数设为

$$g(z) = \begin{cases} c_0 + c_1\sqrt[3]{|z|} & (z \geqslant 0) \\ c_0 + c_2\sqrt[3]{|z|} & (z < 0) \end{cases} \quad (c_0 > 0, \ c_1 > 0, \ c_2 > 0) \tag{2-5}$$

式中　c_0, c_1, c_2——待定优化参数。

由式（2-1）~式（2-5）所确定的横向位移函数 $W(x, y, z)$ 满足入口和出口横向位移边界条件

$$\begin{cases} W(L, y, z) = 0 & \dfrac{\partial W(L, y, z)}{\partial x} = 0 \quad (x = L) \\ W(0, y, z) = u(y) g(z) & \dfrac{\partial W(0, y, z)}{\partial x} = 0 \quad (x = 0) \end{cases} \tag{2-6}$$

按照上式构造横向位移函数，最终求解只需要优化 $a_0 \sim a_5$、c_0、c_1、c_3 共 9 个参数，对于对称问题，优化参数可以减少到 6 个，这样极大加快计算速度，提高收敛性，减轻计算结果对初值的依赖。

2.2　条层分割模型与横向位移函数

2.2.1　变形区金属流动速度

在变形区横向任意位置 y 处取一流带，其宽度为 $\mathrm{d}y$，如图 2-3 所示，考虑金属轧制过程的横向位移，根据秒流量相等原理，流过 Ⅰ—Ⅰ 截面和 Ⅱ—Ⅱ 截面的金属流量相等，即

$$v_x H(x,y)\left(1 + \frac{\partial W}{\partial y}\right)\mathrm{d}y = v_n H(x_n,y)\left[1 + \left(\frac{\partial W}{\partial y}\right)_{x=x_n}\right]\mathrm{d}y \tag{2-7}$$

其中

$$v_n = v_r \cos r_n = \frac{v_r}{\sqrt{1 + \frac{1}{4}\left(\frac{\partial H(x_n,y)}{\partial x}\right)^2}}$$

式中　v_r——上、下辊面线速度的平均值，即 $v_r = \dfrac{v_{r1} + v_{r2}}{2}$，m/s；

v_{r1}, v_{r2}——上、下辊的线速度，m/s；

$H(x,y)$——变形区内轧件厚度，m；

$H(x_n,y)$——轧件在 $x = x_n$ 处厚度，$x_n = \dfrac{x_{n1} + x_{n2}}{2}$，m；

x_{n1}, x_{n2}——上、下辊的中性点位置。

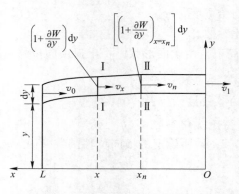

图 2-3　变形区金属流动图示

整理得，变形区金属纵向流动速度 v_x 为

$$v_x = \frac{v_r H(x_n,y)[1+f(x_n)u'(y)g(z)]}{H(x,y)[1+f(x)u'(y)g(z)]\sqrt{1+\frac{1}{4}\left(\frac{\partial H(x_n,y)}{\partial x}\right)^2}} \tag{2-8}$$

由于 v_x 的正方向与 x 轴正方向相反，有

$$\frac{v_y}{v_x} = -\frac{\mathrm{d}y}{\mathrm{d}x} \tag{2-9}$$

由于

$$\frac{\mathrm{d}y}{\mathrm{d}x} = \frac{\partial W}{\partial x} \tag{2-10}$$

金属横向流动速度 v_y 为

$$v_y = -\frac{\partial W}{\partial x}v_x = -f'(x)U(y,z)v_x \tag{2-11}$$

与上轧辊接触表面质点的厚向（z 向）流动速度为

$$v_z|_{z=\frac{H}{2}} = -\frac{1}{2}\left(v_x\frac{\partial H}{\partial x}+v_y\frac{\partial H}{\partial y}\right) \tag{2-12}$$

假设金属厚向流动速度 v_z 呈线性分布，则有

$$v_z = \frac{z}{H/2}v_z|_{z=\frac{H}{2}} = -\frac{z}{H}\left(v_x\frac{\partial H}{\partial x}+v_y\frac{\partial H}{\partial y}\right) \tag{2-13}$$

2.2.2　金属相对辊面的滑动速度

轧制时总变形功率主要包括上、下接触表面摩擦功率。为了计算轧辊与轧件接触表面的摩擦力及摩擦功率，需确定金属相对轧辊的滑动速度。

以下辊面为研究对象，速度矢量图如图 2-4 所示。其中，v_{sx2} 表示金属相对下辊面的纵切向滑动速度，v_z 为 z 向的流动速度。

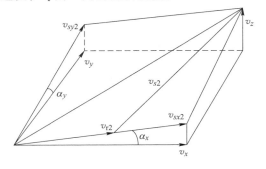

图 2-4　下辊面上速度图示

由图 2-4 可知，轧件上、下接触表面相对轧辊的纵切向滑动速度 v_{sx1}、v_{sx2} 分别为

$$\begin{cases} v_{sx1} = \dfrac{v_x}{\cos\alpha_x} - v_{r1} \\[3mm] v_{sx2} = \dfrac{v_x}{\cos\alpha_x} - v_{r2} \end{cases}$$ （2-14）

横切向滑动速度 v_{sy} 可表示为

$$v_{sy} = \frac{v_y}{\cos\alpha_y}$$ （2-15）

式中　α_x——接触表面任意点处 x 方向的切线与 x 轴的夹角，（°）；

　　　α_y——接触表面任意点处 y 方向的切线与 y 轴的夹角，（°）。

由几何关系得

$$\begin{cases} v_{sx1} = v_x \sqrt{1 + \dfrac{1}{4}\left(\dfrac{\partial H}{\partial x}\right)^2} - v_{r1} \\[4mm] v_{sx2} = v_x \sqrt{1 + \dfrac{1}{4}\left(\dfrac{\partial H}{\partial x}\right)^2} - v_{r2} \\[4mm] v_{sy} = v_y \sqrt{1 + \dfrac{1}{4}\left(-\dfrac{\partial H}{\partial y}\right)^2} \end{cases}$$ （2-16）

因此，上、下辊面合成滑动速度 v_{s1}、v_{s2} 分别为

$$\begin{cases} v_{s1} = \sqrt{v_{sx1}^2 + v_{sy}^2} \\[3mm] v_{s2} = \sqrt{v_{sx2}^2 + v_{sy}^2} \end{cases}$$ （2-17）

2.2.3　应变速度及剪应变速度强度

由体积不变条件 $\dot{\varepsilon}_x + \dot{\varepsilon}_y + \dot{\varepsilon}_z = 0$ 得，变形区正应变速度 $\dot{\varepsilon}_x$、$\dot{\varepsilon}_y$、$\dot{\varepsilon}_z$ 和剪应变速度 $\dot{\gamma}_{xy}$、$\dot{\gamma}_{yz}$、$\dot{\gamma}_{zx}$ 分别为

$$\dot{\varepsilon}_x = -\frac{\partial v_x}{\partial x} = v_x\left[\frac{H_x'}{H} + \frac{f'(x)u'(y)g(z)}{1 + f(x)u'(y)g(z)}\right]$$

$$\dot{\varepsilon}_y = \frac{\partial v_y}{\partial y} = -f'(x)g(z)\left[u'(y)v_x + u(y)\frac{\partial v_x}{\partial y}\right]$$

$$\dot{\varepsilon}_z = -(\dot{\varepsilon}_x + \dot{\varepsilon}_y)$$ （2-18）

$$\dot{\gamma}_{xy} = -\frac{\partial v_x}{\partial y} + \frac{\partial v_y}{\partial x}$$

$$\dot{\gamma}_{yz} = \frac{\partial v_y}{\partial z} + \frac{\partial v_z}{\partial y}$$

$$\dot{\gamma}_{zx} = \frac{\partial v_z}{\partial x} - \frac{\partial v_x}{\partial z}$$

则变形区内金属的剪切应变速度强度 Γ 为

$$\Gamma = \sqrt{\frac{2}{3}}\sqrt{(\dot{\varepsilon}_x - \dot{\varepsilon}_y)^2 + (\dot{\varepsilon}_y - \dot{\varepsilon}_z)^2 + (\dot{\varepsilon}_z - \dot{\varepsilon}_x)^2 + \frac{3}{2}(\dot{\gamma}_{xy}^2 + \dot{\gamma}_{yz}^2 + \dot{\gamma}_{zx}^2)}$$

$$(2-19)$$

利用 $\dot{\varepsilon}_x + \dot{\varepsilon}_y + \dot{\varepsilon}_z = 0$ 条件，上式可简化为

$$\Gamma = 2\sqrt{\dot{\varepsilon}_x^2 + \dot{\varepsilon}_y^2 + \dot{\varepsilon}_x^2\dot{\varepsilon}_y^2 + \frac{1}{4}(\dot{\gamma}_{xy}^2 + \dot{\gamma}_{yz}^2 + \dot{\gamma}_{zx}^2)} \qquad (2-20)$$

2.2.4 变形区三维应变模型

理论上，应变是应变速率的积分，同时考虑到 Δt 较小，因此可得到

$$\varepsilon_x(x,y,z,t) = \varepsilon_x(x,y,z,t-\Delta t) + \int_{-\Delta t} \dot{\varepsilon}_x(x,y,z,t)\,\mathrm{d}t$$
$$= \varepsilon_x(x,y,z,t-\Delta t) + v_x(x,y,z,t) - v_x(x,y,z,t-\Delta t)$$

$$\varepsilon_y(x,y,z,t) = \varepsilon_y(x,y,z,t-\Delta t) + \int_{-\Delta t} \dot{\varepsilon}_y(x,y,z,t)\,\mathrm{d}t$$
$$= \varepsilon_y(x,y,z,t-\Delta t) + v_y(x,y,z,t) - v_y(x,y,z,t-\Delta t)$$

$$\varepsilon_z(x,y,z,t) = \varepsilon_z(x,y,z,t-\Delta t) + \int_{-\Delta t} \dot{\varepsilon}_z(x,y,z,t)\,\mathrm{d}t$$
$$= \varepsilon_z(x,y,z,t-\Delta t) + v_z(x,y,z,t) - v_z(x,y,z,t-\Delta t) \qquad (2-21)$$

$$\gamma_{xy}(x,y,z,t) = \gamma_{xy}(x,y,z,t-\Delta t) + \frac{\Delta t}{2}[\dot{\gamma}_{xy}(x,y,z,t) + \dot{\gamma}_{xy}(x,y,z,t-\Delta t)]$$

$$\gamma_{yz}(x,y,z,t) = \gamma_{yz}(x,y,z,t-\Delta t) + \frac{\Delta t}{2}[\dot{\gamma}_{yz}(x,y,z,t) + \dot{\gamma}_{yz}(x,y,z,t-\Delta t)]$$

$$\gamma_{zx}(x,y,z,t) = \gamma_{zx}(x,y,z,t-\Delta t) + \frac{\Delta t}{2}[\dot{\gamma}_{zx}(x,y,z,t) + \dot{\gamma}_{zx}(x,y,z,t-\Delta t)]$$

式中 ε_x，ε_y，ε_z——沿 x，y，z 方向的应变；

γ_{xy}，γ_{yz}，γ_{zx}——沿 xOy，yOz，zOx 平面的剪应变。

等效应变 ε_e 和等效应变速度 $\dot{\varepsilon}_e$ 分别为

$$\varepsilon_e = \frac{\sqrt{2}}{3}\sqrt{(\varepsilon_x - \varepsilon_y)^2 + (\varepsilon_y - \varepsilon_z)^2 + (\varepsilon_z - \varepsilon_x)^2 + \frac{3}{2}(\gamma_{xy}^2 + \gamma_{yz}^2 + \gamma_{zx}^2)}$$

$$\dot{\varepsilon}_e = \frac{\sqrt{2}}{3}\sqrt{(\dot{\varepsilon}_x - \dot{\varepsilon}_y)^2 + (\dot{\varepsilon}_y - \dot{\varepsilon}_z)^2 + (\dot{\varepsilon}_z - \dot{\varepsilon}_x)^2 + \frac{3}{2}(\dot{\gamma}_{xy}^2 + \dot{\gamma}_{yz}^2 + \dot{\gamma}_{zx}^2)}$$

$$(2-22)$$

2.3　应力模型

2.3.1　前后张力模型

假设辊缝外金属的弹性变形为平面应变变形。在距入口足够远处，金属的流动速度沿横向为一常量。当金属运动到入口处时，纵向流动速度的横向分布不再均匀，纵向流动速度沿横向由均匀分布变为不均匀，导致横向上张应力的产生。

后张应力的横向分布受来料残余应力和入口处金属纵向流动速度沿横向分布不均的影响。假设金属在 $\mathrm{d}t$ 时间内进入辊缝，则第 j 层金属后张应力 σ_{0j} 为

$$\sigma_{0j}(y) = \frac{E}{1-\nu^2}\frac{v_{0j} - \bar{v}_{0j}}{\bar{v}_{0j}} + \sigma_{00} \quad (j = 1, 2, \cdots, m) \tag{2-23}$$

式中　v_{0j}——在入口处，第 j 层金属的纵向流动速度（沿横向变化），m/s；

$\bar{v}_{0j}$——在入口处，第 j 层金属平均纵向流动速度，m/s；

σ_{00}——来料残余应力，MPa；

E——轧件的弹性模量，MPa；

ν——轧件的泊松比。

在变形区出口处，金属纵向流动速度沿横向分布不均匀。当距离出口处一段距离后，金属纵向流动速度沿横向分布变得均匀，由此导致张应力的产生。

每层前张应力的横向分布受出口处金属纵向流动速度沿横向分布不均匀的影响。假设金属在 $\mathrm{d}t$ 时间内离开辊缝，则第 j 层金属前张应力 σ_{1j} 为

$$\sigma_{1j}(y) = \frac{E}{1-\nu^2}\frac{\bar{v}_{1j} - v_{1j}}{\bar{v}_{1j}} \quad (j = 1, 2, \cdots, m) \tag{2-24}$$

式中　v_{1j}——在出口处，第 j 层金属的纵向流动速度（沿横向变化），m/s；

$\bar{v}_{1j}$——在出口处，第 j 层金属的平均纵向流动速度，m/s。

2.3.2　三向应力模型

根据列维-米塞斯塑性流动方程、米塞斯屈服条件和体积不变条件，得变形区三向应力模型

$$\sigma_x = \sigma_z + \frac{2k_s}{\Gamma}(2\dot{\varepsilon}_x + \dot{\varepsilon}_y)$$

$$\sigma_y = \sigma_z + \frac{2k_s}{\Gamma}(\dot{\varepsilon}_x + 2\dot{\varepsilon}_y) \tag{2-25}$$

$$\tau_{xy} = \frac{k_s}{\Gamma}\dot{\gamma}_{xy}$$

$$\tau_{yz} = \frac{k_s}{\Gamma}\dot{\gamma}_{yz}$$

$$\tau_{zx} = \frac{k_s}{\Gamma}\dot{\gamma}_{zx}$$

式中　σ_x，σ_y，σ_z——x，y，z 方向的正应力，MPa；

　　　τ_{xy}，τ_{yz}，τ_{zx}——三向剪应力，MPa；

　　　k_s——材料的剪切变形抗力，$k_s = 0.577\sigma_s$，MPa；

　　　σ_s——材料的变形抗力，MPa。

2.3.3　力平衡微分方程

大型筒节轧制过程中，由于上、下轧辊半径和速度不相等，所以上、下辊面中性点不在同一个垂直平面上。上、下中性点之间的区域被称为搓轧区。该区轧件的速度低于下轧辊的速度，但高于上轧辊的速度，因此该区域上下表面摩擦力方向相反。这是与普通板带对称轧制不同之处。设上下辊面的单位压力 p 近似相等。在变形区内取一微分单元体，其受力状态如图 2-5 所示。

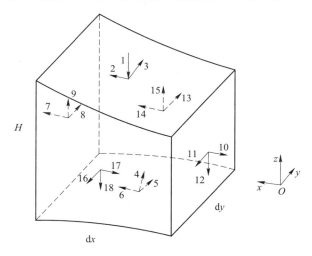

图 2-5　变形区单元体受力状态

1，4—p；2—τ_{x1}；3—τ_{y1}；5—τ_{y2}；6—τ_{x2}；7—$\bar{\sigma}_x + \dfrac{\partial\bar{\sigma}_x}{\partial x}\mathrm{d}x$；8—$\bar{\tau}_{xy} + \dfrac{\partial\bar{\tau}_{xy}}{\partial x}\mathrm{d}x$；

9—$\bar{\tau}_{xz} + \dfrac{\partial\bar{\tau}_{xz}}{\partial x}\mathrm{d}x$；10—$\bar{\sigma}_x$；11，17—$\bar{\tau}_{xy}$；12—$\bar{\tau}_{xz}$；13—$\bar{\sigma}_y + \dfrac{\partial\bar{\sigma}_y}{\partial y}\mathrm{d}y$；

14—$\bar{\tau}_{xy} + \dfrac{\partial\bar{\tau}_{xy}}{\partial y}\mathrm{d}y$；15—$\bar{\tau}_{yz} + \dfrac{\partial\bar{\tau}_{yz}}{\partial y}\mathrm{d}y$；16—$\bar{\sigma}_y$；18—$\bar{\tau}_{yz}$

得变形区纵向平衡微分方程为

$$\frac{\partial}{\partial x}(\bar{\sigma}_x H) + \frac{\partial}{\partial y}(\bar{\tau}_{xy} H) + \tau_{x1} + \tau_{x2} + p\frac{\partial H}{\partial x} = 0 \qquad (2\text{-}26)$$

其中，$\bar{\sigma}_x = \bar{\sigma}_z + 2\bar{k}_s\bar{\alpha}$，且 $\bar{\alpha} = \dfrac{1}{H}\displaystyle\int_{-\frac{H}{2}}^{\frac{H}{2}}\left(\dfrac{2\dot{\varepsilon}_x + \dot{\varepsilon}_y}{\Gamma}\right)\mathrm{d}z$。

假设 $\bar{\sigma}_z = -p$，则

$$\bar{\sigma}_x = -p + 2\bar{k}_s\bar{\alpha} \tag{2-27}$$

将上式代入式（2-26），得

$$\frac{\partial}{\partial x}\left[(p - 2\bar{k}_s\bar{\alpha})H\right] = \frac{\partial}{\partial y}(\bar{\tau}_{xy}H) + \tau_{x1} + \tau_{x2} + p\frac{\partial H}{\partial x} \tag{2-28}$$

在前滑区，上、下接触面摩擦应力可表示为

$$\begin{cases} \tau_{x1} = \mu_{x1}p \\ \tau_{x2} = \mu_{x2}p \end{cases} \tag{2-29}$$

式中　μ_{x1}，μ_{x2}——上、下接触面纵向摩擦系数。

在后滑区，上、下接触面摩擦应力可表示为

$$\begin{cases} \tau_{x1} = -\mu_{x1}p \\ \tau_{x2} = -\mu_{x2}p \end{cases} \tag{2-30}$$

在搓轧区，上、下接触面摩擦应力可表示为

$$\begin{cases} \tau_{x1} = \mu_{x1}p \\ \tau_{x2} = -\mu_{x2}p \end{cases} \tag{2-31}$$

根据入口和出口边界条件，得

$$\begin{cases} p = -\bar{\sigma}_0 + 2\bar{k}_s\bar{\alpha} & (x = L) \\ p = -\bar{\sigma}_1 + 2\bar{k}_s\bar{\alpha} & (x = 0) \end{cases} \tag{2-32}$$

在上式中，平均后张力 $\bar{\sigma}_0$ 和平均前张力 $\bar{\sigma}_1$ 可表示为

$$\begin{cases} \bar{\sigma}_0 = \dfrac{1}{m}\displaystyle\sum_{j=1}^{m}\left(\dfrac{1}{n}\sum_{i=1}^{n}\sigma_{0ij}\right) \\ \bar{\sigma}_1 = \dfrac{1}{m}\displaystyle\sum_{j=1}^{m}\left(\dfrac{1}{n}\sum_{i=1}^{n}\sigma_{1ij}\right) \end{cases} \tag{2-33}$$

式中　σ_{0ij}——入口截面上任意点的后张应力，MPa；

　　　σ_{1ij}——出口截面上任意点的前张应力，MPa。

根据轧制压力入口、出口边界条件和微分方程，利用差分法可求出接触表面单位轧制压力 p。

2.3.4　接触面纵向、横向摩擦力

轧辊与轧件的接触表面分为滑动摩擦区和停滞区。滑动区位于入口区和出口区，其余区域则为停滞区。对于滑动区，摩擦力采用库仑摩擦定律计算；对于停滞区，摩擦力采用剪切摩擦模型计算。

变形区摩擦力模型见式（2-29）~式（2-31），其中上、下接触面纵向摩擦系数为

$$\begin{cases} \mu_{x1} = \dfrac{|v_{sx1}|}{v_{s1}}\min\left\{\mu, \dfrac{k_s}{p}\right\} \\[3mm] \mu_{x2} = \dfrac{|v_{sx2}|}{v_{s2}}\min\left\{\mu, \dfrac{k_s}{p}\right\} \end{cases} \qquad (2\text{-}34)$$

式中　μ——接触表面摩擦系数。

上、下接触面横向摩擦应力 τ_{y1}、τ_{y2} 为

$$\begin{cases} \tau_{y1} = -\mu_{y1}p\,\mathrm{sign}(v_{sy1}) \\[2mm] \tau_{y2} = -\mu_{y2}p\,\mathrm{sign}(v_{sy2}) \end{cases} \qquad (2\text{-}35)$$

式中　$\mathrm{sign}(v_{sy1})$——取 v_{sy1} 的符号；

　　　$\mathrm{sign}(v_{sy2})$——取 v_{sy2} 的符号。

　　　μ_{y1}，μ_{y2}——上、下接触面横向摩擦系数，可表示为

$$\begin{cases} \mu_{y1} = \dfrac{|v_{sy1}|}{v_{s1}}\min\left\{\mu, \dfrac{k_s}{p}\right\} \\[3mm] \mu_{y2} = \dfrac{|v_{sy2}|}{v_{s2}}\min\left\{\mu, \dfrac{k_s}{p}\right\} \end{cases} \qquad (2\text{-}36)$$

上、下辊面合成摩擦应力 τ_1 和 τ_2 为

$$\begin{cases} \tau_1 = \sqrt{\tau_{x1}^2 + \tau_{y1}^2} \\[2mm] \tau_2 = \sqrt{\tau_{x2}^2 + \tau_{y2}^2} \end{cases} \qquad (2\text{-}37)$$

2.4　轧件厚度计算

轧件入口厚度和出口厚度的横向分布可以用多项式函数来表示。

入口厚度横向分布函数 $H_0(y)$ 为

$$H_0(y) = B_0 + B_1\left(\frac{2y}{B}\right) + B_2\left(\frac{2y}{B}\right)^2 + B_3\left(\frac{2y}{B}\right)^3 + B_4\left(\frac{2y}{B}\right)^4 \qquad (2\text{-}38)$$

式中　$B_0 \sim B_4$——回归系数。

出口厚度横向分布函数 $H_1(y)$ 为

$$H_1(y) = b_0 + b_1\left(\frac{2y}{B}\right) + b_2\left(\frac{2y}{B}\right)^2 + b_3\left(\frac{2y}{B}\right)^3 + b_4\left(\frac{2y}{B}\right)^4 \qquad (2\text{-}39)$$

式中　$b_0 \sim b_4$——回归系数。

入口每层厚度 h_0 和出口每层厚度 h_1 分别为

$$\begin{cases} h_0 = \dfrac{H_0}{m} \\[3mm] h_1 = \dfrac{H_1}{m} \end{cases} \tag{2-40}$$

为了便于计算，假设接触弧为抛物线，则变形区轧件厚度 $H(x,y)$ 可表示为

$$H(x,y) = H_1(y) + \left[H_0(y) - H_1(y) \right]\left(\frac{x}{L} \right)^2 \tag{2-41}$$

当 $x = x_n$ 时，由上式得

$$H(x_n,y) = H_1(y) + \left[H_0(y) - H_1(y) \right]\left(\frac{x_n}{L} \right)^2 \tag{2-42}$$

变形区每层的厚度可表示为

$$h = h_1 + (h_0 - h_1)\left(\frac{x}{L} \right)^2 \tag{2-43}$$

2.5　出口横向位移函数计算

2.5.1　出口横向位移函数的优化模型

采用条层法将求解连续函数 $U(y,z)$ 的问题转化为求解多项式 8 个系数的问题。这样避免了精确求解出口横向位移 $U(y,z)$ 所遇到的数学难题。而出口横向位移函数的 8 个系数可根据最小能量原理，采用优化方法求得。

对于大型筒节轧制问题，由于轧件既不与轧辊分离，又不压进轧辊，其关于辊面的法向速度为零，导致单位轧制压力 p 的功率为零。因此，筒节轧制的功率泛函可表示为

$$N = N_p + N_f + N_{s0} + N_{\sigma_0} - N_{\sigma_1} \tag{2-44}$$

其中，变形区金属塑性变形功率 N_p 为

$$N_p = \sum_{j=1}^{m} \iint_F k_s \Gamma h \, dx dy = \sum_{j=1}^{m} \sum_{i=0}^{n-1} \int_{y_i}^{y_{i+1}} \left(\int_0^L k_s \Gamma h \, dx \right) dy \tag{2-45}$$

接触表面摩擦功率 N_f 为

$$N_f = \iint_{S_\tau} \tau v_s \, dS = \sum_{i=0}^{n-1} \int_{y_i}^{y_{i+1}} \int_0^L (\tau_1 v_{s1} + \tau_2 v_{s2}) \, dx dy \tag{2-46}$$

入口速度间断面上的功率 N_{s0} 为

$$N_{s0} = \iint_{S_0} k_s |v_{z0}| \, dS = \sum_{i=0}^{n-1} \int_{y_i}^{y_{i+1}} \left(\int_{-\frac{H_0}{2}}^{\frac{H_0}{2}} k_s |v_{z0}| \, dz \right) dy \tag{2-47}$$

式中　v_{z0}——入口处 z 方向的流动速度，m/s。

后张应力所做的功率 $N_{\sigma0}$ 为

$$N_{\sigma_0} = \iint_{S_0} \sigma_0 v_0 \mathrm{d}S = \sum_{j=1}^{m} \sum_{i=0}^{n-1} \int_{y_i}^{y_{i+1}} \sigma_{0j} v_{0j} h_0 \mathrm{d}y \mathrm{d}z \qquad (2\text{-}48)$$

前张应力所做的功率 N_{σ_1} 为

$$N_{\sigma_1} = \iint_{S_1} \sigma_1 v_1 \mathrm{d}S = \sum_{j=1}^{m} \sum_{i=0}^{n-1} \int_{y_i}^{y_{i+1}} \sigma_{1j} v_{1j} h_1 \mathrm{d}y \mathrm{d}z \qquad (2\text{-}49)$$

根据最小势能原理，出口横向位移函数 $U(y, z)$ 的系数 $a_0 \sim a_5$，c_0，c_1，c_2 的真实值应满足下式

$$\min N = N(a_0, a_1, \cdots, a_5, c_0, c_1, c_2) \qquad (2\text{-}50)$$

这是一个最优化问题，可采用遗传算法优化求解。

2.5.2　条层法计算步骤

条层法求解筒节轧制三维变形的计算步骤如图 2-6 所示。

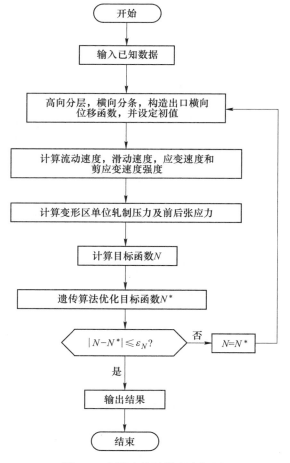

图 2-6　条层法的计算程序框图

2.6 模拟结果分析

利用新型条层法对大型筒节轧制算例进行仿真。具体轧制工艺参数见表 2-1，轧件材质为 2.25Cr1Mo0.25V。

表 2-1 轧制工艺参数

名　　称	数　　值
筒节内半径/mm	1950
筒节外半径/mm	2450
筒节宽度/mm	2680
温度/℃	1120
上辊直径/mm	1800
下辊直径/mm	2000
上辊线速度/mm · s⁻¹	148
下辊线速度/mm · s⁻¹	150

2.6.1 出口横向位移

图 2-7 是出口横向位移的分布情况。出口横向位移沿宽度方向单调变化，表明轧件内部金属沿横向全部向外流动。横向位移在边部变化明显，这是由于边部的金属横向约束较少，导致边部金属更容易发生横向流动的缘故。

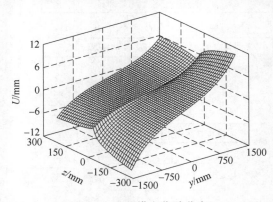

图 2-7　出口横向位移分布

大型筒节宽展变形主要发生在内外表面，且有些情况下内外表面宽展变形不相等，在厚度中心附近宽展变形最小。由于筒节沿轴向截面的宽展变形形状像鱼尾，所以，通常称宽展变形为鱼尾。鱼尾的产生表明金属在厚度中心受拉应力，阻止宽展变形的发生；金属在内外表面受压应力，促进宽展变形的发生。在实际轧制中，由于轧件和轧辊接触面的摩擦作用，使得接触面处的宽展略小于接触面附近的轧件内层宽展。而理论计算中所得的结果为轧件与轧辊接触面处的宽展最大。这种误差的原因是，由于理论计算中选择表示自由端面形状函数的局限性，不能反映接触面摩擦对宽展的影响。

从图 2-7 可以看出，理论计算的筒节自由端面形状与实测结果和有限元模拟结果基本上是一致的。Xu 等基于有限元模拟，发现筒节轧制的自由端面呈现鱼尾形，而且认为在一定条件下，外侧宽展大于内侧宽展，这是由于上下辊压下量不同造成的，根据轧制几何关系，得：

$$\gamma = \frac{\Delta h_2}{\Delta h_1} = \frac{\dfrac{1}{R_2} + \dfrac{1}{R}}{\dfrac{1}{R_1} - \dfrac{1}{r}} \qquad (2\text{-}51)$$

式中，Δh_1 和 Δh_2 分别为上、下辊压下量，m。当 γ 大于某一值，外侧宽展就大于内侧宽展。

由于筒节轧制中端面不均匀鱼尾宽展，使得端面不平整，既增加了筒节端面加工余量和加工工时，又增大了材料消耗。因此，控制鱼尾的产生，提高端面平整度，对于筒节轧制生产具有重要意义。

2.6.2 流动速度分析

图 2-8 是变形区金属纵向流动速度的分布规律。可以看出，从入口到出口，轧件纵向流动速度逐渐增大。沿轴向宽度方向，纵向流动速度分布是不均匀的。

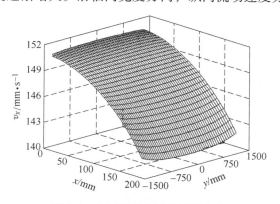

图 2-8 上辊面纵向流动速度分布

图 2-9 是变形区入口和出口纵向流动速度分布。金属纵向流动速度沿厚度方向呈不均匀分布，主要与轧件厚度和摩擦力有关。在入口处，作用在轧辊与轧件接触面的摩擦力与金属的流动方向一致，表明内外表层金属在摩擦力的拽引作用

下流入辊缝，故内外表层金属的纵向流动速度比厚度中心的大，纵向流动速度沿厚向呈中凹状。在出口处，由于作用在轧辊与轧件接触表面的摩擦力方向与金属流动相反，阻碍内外表层金属流出辊缝，故内外表层金属的纵向流动速度小于厚度中心的流动速度，纵向流动速度沿厚向呈中凸状。

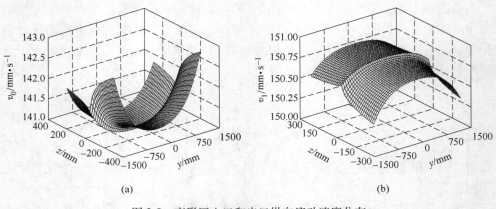

图 2-9　变形区入口和出口纵向流动速度分布
(a) 入口；(b) 出口

　　金属纵向流动速度沿横向的分布规律与金属的横向流动有关。在入口处，横向边部金属纵向流动速度比中部大，这是由于入口边部需要提供较多的金属用于出口的宽展。在出口处，横向边部金属纵向流动速度比中部小，这是由于边部金属的横向流动（宽展）大，而中部金属的横向流动（宽展）小。

　　图 2-10 是金属横向流动速度分布规律。金属横向流动速度绝对值沿 x 方向的变化近似抛物线，从入口到出口，先增加到一定值后再减小。沿横向，从轴向宽度中心到边部，其绝对值逐渐增大。在 $y>0$ 处，金属横向流动速度 v_y 为正值，在 $y<0$ 处，金属横向流动速度 v_y 为负值，说明金属向外流动。

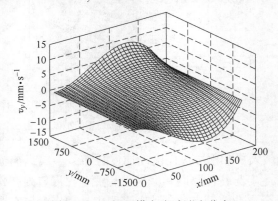

图 2-10　上辊面横向流动速度分布

下辊面金属纵向流动速度、横向流动速度和高向流动速度分布规律与上辊面的类似，所以就不再重复分析了。

2.6.3 应变速度分析

图 2-11 是金属纵向应变速度 $\dot{\varepsilon}_x$ 分布规律。沿着轧制方向（x 方向），金属纵向应变速度 $\dot{\varepsilon}_x$ 从入口到出口逐渐减小，到出口处达到零。沿轴向宽度方向，其值变化不大。

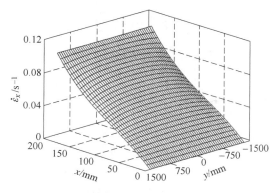

图 2-11 金属纵向应变速度分布

图 2-12 是金属横向应变速度 $\dot{\varepsilon}_y$ 分布规律。沿着轧制方向（x 方向），金属横向应变速度呈抛物线分布，即先增大到一定值后再减小。沿着轴向宽度方向，从轧件中部到边部逐渐增大。

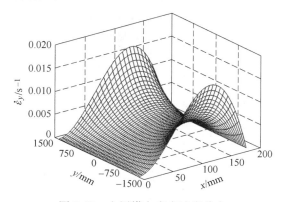

图 2-12 金属横向应变速度分布

图 2-13 是剪应变速度 $\dot{\gamma}_{xy}$ 的分布。沿着轧制方向，剪应变速度 $\dot{\gamma}_{xy}$ 从入口到出口，方向发生改变；沿轴向宽度方向，剪应变速度绝对值从中部到边部逐渐增大。

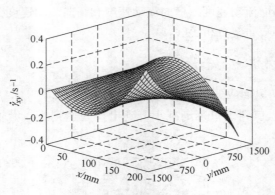

图 2-13　剪应变速度 $\dot{\gamma}_{xy}$ 分布

2.6.4　三向应力与单位轧制压力

图 2-14 是单位压力沿接触面的分布。沿横向，单位轧制压力从宽度中心到边部逐渐减小。沿轧制方向，咬入辊缝后，单位轧制压力快速增加，达到一定值后缓慢变化，在出口处逐渐减小。单位轧制压力分布与普通板带轧制不同，单位压力分布的摩擦峰大大削减。这是由于大型筒节轧制的变形区存在搓轧区，该区上下接触面摩擦力方向相反，形成一对剪切力，促进金属变形，极大地降低了单位轧制压力。

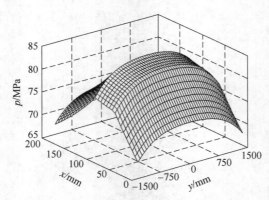

图 2-14　单位轧制压力沿接触面分布

图 2-15 是接触面纵向正应力 σ_x 分布。沿着轧制方向，从入口到出口，纵向正应力先减小，然后缓慢增加，在上下中性点附近有不同的谷值，这是由于接触面摩擦力造成的。沿轴向宽度方向，从中部到边部其值逐渐增大。

图 2-16 是接触面横向正应力 σ_y 分布。横向正应力值为负值，说明其为压应力。从图中可以看出，横向正应力的分布为，沿轧制方向，在轧制压力有峰值的

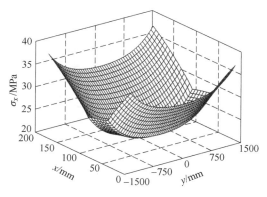

图 2-15　接触面纵向正应力 σ_x 分布

位置，其压应力有峰值，在轧制压力小的位置，其压应力较小；沿宽度方向，压应力从中部到边部逐渐减小，这与金属的横向摩擦力有关。从变形区入口和出口到变形区内部，横向正应力逐渐增大，这与接触表面摩擦作用有关；在变形区内部，金属不易产生纵向变形，就试图加大横向变形，而内部横向摩擦力大，故导致横向压应力增加。

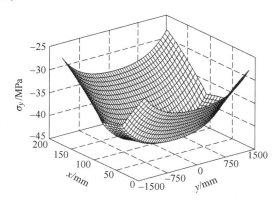

图 2-16　接触面横向正应力 σ_y 分布

　　图 2-17 是接触面剪应力 τ_{xy} 分布。沿着轧制方向，从入口到出口，剪应力改变方向，这主要是由 v_y 沿纵向的变化规律决定的，从入口到出口，v_y 先增加再减小，故导致 τ_{xy} 改变方向。沿着轴向宽度方向，从中部到边部剪应力方向改变，绝对值逐渐增大，这主要是受金属横向流动的影响。

2.6.5　摩擦应力分布

　　图 2-18 是上、下辊面纵向单位摩擦力分布。沿着轧制方向，在上中性点处，上辊面纵向单位摩擦力方向发生改变；在下中性点处，下辊面纵向单位摩擦力方

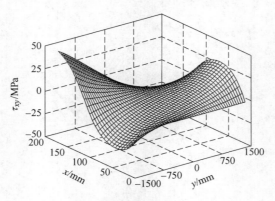

图 2-17   接触面剪应力 τ_{xy} 分布

向发生改变，这是由于中性点处存在前后滑区造成的。由于上、下中性点不在同一垂直面上，因此，上、下辊面纵向单位摩擦力的拐点也不在同一位置。上辊面纵向单位摩擦力拐点靠近入口处，下辊面纵向单位摩擦力拐点靠近出口处。沿轴向宽度方向，纵向单位摩擦力的绝对值从中部到边部逐渐减小。

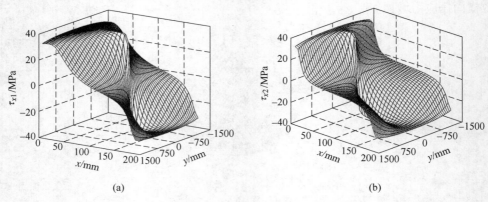

图 2-18   上、下辊面纵向单位摩擦力分布
(a) 上辊面；(b) 下辊面

图 2-19 是上、下辊面横向单位摩擦力分布。沿着轴向宽度方向，其绝对值从中部到边部总体规律是增大，在 $y>0$ 处，其符号为负，在 $y<0$ 处，其符号为正，说明金属向外流动。横向单位摩擦力沿轧制方向在中性点附近有极值，这是由于单位轧制压力和横切向滑动速度在中性点附近有极值。

2.6.6   宽展分析

在轧制过程中，金属在辊缝中承受压缩作用，按照最小阻力法则沿纵向和横

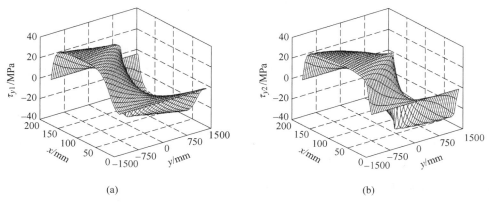

图 2-19 上、下辊面横向单位摩擦力分布

（a）上辊面；（b）下辊面

向流动。这种由于受金属横向流动而使轧件在宽度上得到的增量称为宽展。在大型筒节轧制过程中，由于金属的不均匀横向流动，轴向端面出现不平整，如图 2-20 所示。可以看出，径向厚度中心处宽展总是小于内外侧宽展，说明轧后筒节自由端面呈现双鼓形，即"鱼尾"。由于筒节轧制中端面发生宽展变形即产生鱼尾，使得端面变得不平整，既增加了端面加工余量和加工工时，又增大了材料和能量消耗。因此，研究鱼尾产生规律，预测和控制鱼尾宽展的产生和发展，提高端面平整度，对于优化工艺和指导生产具有实际的应用意义。

影响金属在变形区横向流动的因素很多，所以无法在理论上给出宽展的解析表达式。为此，通过研究压下量、宽厚比、上辊径、下辊径和筒节内径等主要影响因素对宽展的作用规律，从而为筒节生产中预测和控制宽展提供依据。本章采用平均宽展 B_a 和

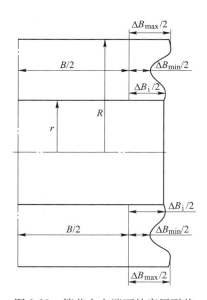

图 2-20 筒节自由端面的宽展形状

$\Delta B_{\max}$，$\Delta B_{\min}$—筒节自由端面的最大（外侧）和最小宽展；

ΔB_i—筒节端面的内侧宽展；

R，r—轧制结束时的外半径和内半径

端面不平整度 FT 分别对宽展大小和分布进行评价，两者定义如下：

$$B_a = \frac{\Delta B_{\max} + \Delta B_{\min}}{2}$$

(2-52)

$$FT = \frac{\Delta B_{max} - \Delta B_{min}}{2} \tag{2-53}$$

端面不平整度 FT 是衡量筒节端面形状质量的重要参数之一，其大小反映了宽展不均匀程度。FT 越小，宽展分布越均匀，端面越平整，质量就越好。

压下量是影响宽展的一个重要因素。在其他计算条件不变的情况下，改变压下量进行计算。由图 2-21 所示知，ΔB_{max}、ΔB_{min} 和 ΔB_i 均随压下量的增加而增加。外侧的宽展比内侧的宽展大。这是由于在一定条件下，外侧压下量比内侧大，较多的金属发生横向流动，导致外侧比内侧宽展大。中部宽展最小的原因是塑性变形区主要集中在内外侧，中部变形较小，内外侧金属受到压应力，中部金属受到拉应力作用。

从图 2-22 可看出，平均宽展 B_a 随着压下量的增加而增大。这表明筒节发生横向流动的金属总量增加。这是由于当增加压下量时，接触弧长度就会增加，根据金属流动最小阻力定律，金属横向流动总量增加，故宽展增大。

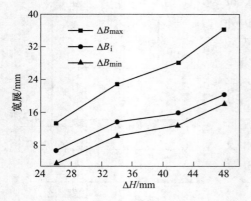

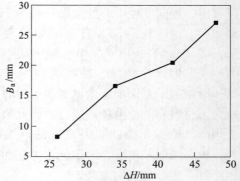

图 2-21　筒节自由端面宽展随压下量的变化　　　图 2-22　B_a 随压下量的变化图

由图 2-23 知，在其他条件不变的情况下，随压下量的增加，端面不平整度 FT 逐渐增加。这表明筒节的自由端面宽展变得更加不均匀，端面更加不平整，造成端面质量趋于恶化。

宽厚比的定义为筒节轴向宽度与径向厚度的比值。在其他轧制工艺条件不变的情况下，保持筒节径向厚度不变，通过改变轧件宽度来实现宽厚比的改变。从图 2-24 可以看出，随着宽厚比增大，筒节端面最大宽展、最小宽展和内侧宽展均减小。

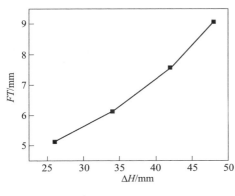

图 2-23 FT 随压下量的变化

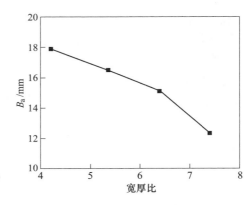

图 2-24 筒节自由端面宽展随宽厚比的变化

图 2-25 所示筒节平均宽展 B_a 随宽厚比的变化。随着宽径比的增加，平均宽展 B_a 反而减小。这是由于筒节不同轴向宽度处塑性变形是不同的，轴向对称处的塑性变形比端面处要小些，由于这些小塑性变形区域的牵制作用，筒节的轴向宽展也受到了限制。同时由于轴向宽度增加，筒节的轴向摩擦力增加，阻碍了金属的横向流动，使宽展减小。

图 2-26 所示筒节端面不平整度 FT 随宽厚比的变化。端面不平整度 FT 随着宽厚比的增大而减小，这意味着端面更加平整，端面质量更好。这与有限元模拟结果基本一致。宽径比的增大，使筒节平均宽展减小，端面更加平整，因此在设计毛坯时，可以使宽径比尽量大些，当然在产品尺寸要求范围内。

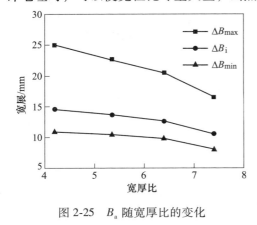

图 2-25 B_a 随宽厚比的变化

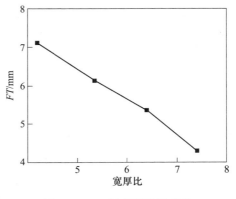

图 2-26 FT 随宽厚比的变化

图 2-27 是平均宽展 B_a 随上辊半径的变化规律。可以看出，在其他轧制工艺条件不变的情况下，平均宽展 B_a 随上辊半径的增大而增加。这表明，增大上辊径，促进金属横向流动，使金属横向流动总量增加。

图 2-28 是端面不平整度 FT 随上辊径的变化规律。在其他轧制工艺条件不变

的情况下，随上辊半径的增大，端面不平整度 *FT* 缓慢增加，变化幅值不大。这与有限元模拟结果基本是一致的。这意味着筒节自由端面随上辊半径的增大而变得不平整，端面质量下降。因此，在进行轧辊设计时，可以适当减小轧辊直径，但作为压力加工模具，为了满足轧制过程中的强度和刚度方面的要求，上辊直径不能太小，因此，合理的设计轧辊尺寸可以有效控制筒节端面不平整度。

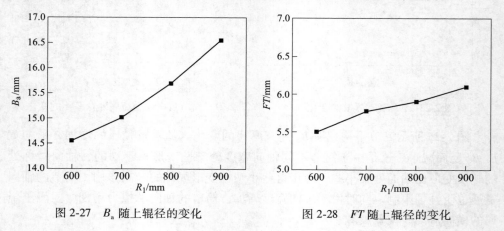

图 2-27　B_a 随上辊径的变化　　　　　图 2-28　*FT* 随上辊径的变化

2.6.7　与有限元模拟结果对比分析

采用有限元方法对大型筒节轧制过程进行模拟，研究不同压下量对筒节宽展的影响规律。筒节毛坯尺寸、轧辊尺寸和轧制工艺参数采用表 2-1 数据。筒节材料为 2.25Cr1Mo0.25V。将轧辊视为刚性体，忽略弹性变形。轧件设为刚塑性体，它关于轴向宽度中心对称，为了提高计算效率，取宽度的一半进行分析。分别取单道次压下量为 26mm、34mm、42mm、48mm 进行模拟。

模拟结果显示，4 种不同压下量下筒节的宽展分布形态相似，表现为外侧宽展最大，内侧次之，中间宽展最小，呈鱼尾状。图 2-29 是有限元模拟的筒节宽

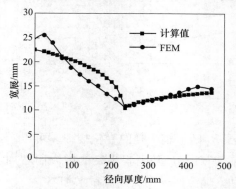

图 2-29　有限元模拟的筒节宽展沿径向分布与条层法计算结果的对比

展沿径向分布与条层法计算结果的对比。可以看出，有限元模拟结果与条层法计算的宽展分布很接近。图 2-30 是筒节轧制的等效应变分布。在宽展较大的内外侧，等效应变也比较大；在宽展较小的中心层，等效应变也较小。宽展的分布形态与等效应变类似，可知，较大宽展的产生是由于发生了较大的塑性应变。

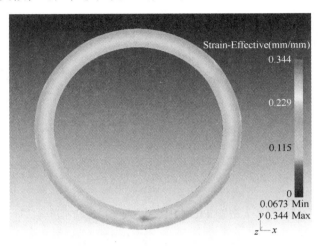

图 2-30　有限元模拟大型筒节轧制的等效应变分布

图 2-31 是在不同压下量下，筒节平均宽展的有限元模拟值和条层法计算值的对比。从图中可以看出，有限元模拟值与计算值吻合良好，且得出的压下量对宽展的影响规律是一致的，即随着压下量的增大，宽展增加。这说明在工程应用范围内，条层法能够准确地预测大型筒节轧制宽展，得出的工艺参数对宽展影响的变化规律也合理。

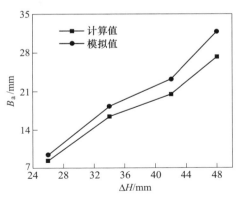

图 2-31　筒节宽展计算值与有限元模拟值对比

为了进一步验证条层法的计算结果，进行大型筒节轧制工业实验研究。筒节外径为 2650mm，内径为 2100mm，其余轧制工艺参数与表 2-1 相同。图 2-32 是在不同压下量下，大型筒节轧制力实验值、条层法计算值和主应力法计算值的对比。可以看出，三者吻合良好，在不同的压下量下轧制力的变化规律是一致的，进一步说明了条层法和主应力法的可靠性。

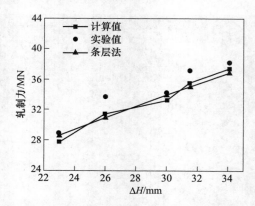

图 2-32　不同压下量下大型筒节轧制力实测值与条层法和主应力法计算值的对比

本章研究了一种新型条层法模拟大型筒节轧制三维塑性变形，该方法考虑了变形区三维变形与应力的不均匀分布，可以快速预测大型筒节轧制过程中金属的三维变形与应力。仿真分析了基于新型条层法的筒节轧制过程，给出了筒节速度场、应变场、应力场和宽展分布规律，通过计算方法、有限元模拟和实验数据对比表明条层法模拟筒节轧制三维变形的可靠性。

第 3 章 大型筒节轧制
有限元模拟和尺寸形状控制

3.1 大型筒节轧制过程有限元模拟

筒节热轧成形是一个受多种因素交互影响的宏观变形和微观组织演变耦合的复杂成形过程。轧制过程中，金属变形区发生厚度减小、周向伸长、轴向宽展的塑性变形，这种塑性变形的发展和积累规律决定了筒节轧制变形和成形规律；另外，变形过程中的塑性变形功和摩擦功绝大部分转化为热能，同时筒节以各种形式与成形辊及周围环境存在着热交换，使得筒节内的温度分布发生变化，引起筒节内部金属材料力学性能的改变，影响筒节的流动特性和变形过程。因此，要实现筒节轧制过程精确控制，必须研究筒节热轧制成形规律和各场量分布规律。

3.1.1 筒节轧制过程有限元模型

筒节轧制是三维连续渐变的多道次轧制过程，是多种因素作用下的复杂塑性加工过程，一般的塑性变形理论很难完全解释其变形规律，因此采用有限元数值模拟方法对筒节轧制过程进行仿真研究。

3.1.1.1 几何模型

为了使模拟结果更接近于实际，假设筒节和轧辊为弹塑性体。由于模型的对称性，为提高计算效率，取模型的一半建模，在对称面上施加对称约束。所建模型如图 3-1 所示，计算参数如表 3-1 所示。

表 3-1 大型筒节热力耦合数值模拟参数表

上辊转速/rad·s⁻¹	0.556	下辊转速/rad·s⁻¹	0.5
进给速度/mm·s⁻¹	2	上辊直径/mm	1800
下辊半径/mm	2000	筒节外半径/mm	2040
筒节内半径/mm	1400	筒节厚度/mm	640
筒节宽度/mm	3700	筒节材料	2.25Cr1Mo0.25V
筒节初始温度/℃	1000		

图 3-1　大型筒节轧制有限元模型

3.1.1.2　材料模型

筒节材料为 2.25Cr1Mo0.25V。在 Gleeble 热模拟试验机上进行高温变形抗力实验，得到材料的真应力真应变曲线如图 3-2 所示。材料在不同温度下的密度、弹性模量和泊松比见表 3-2，热导率和比热容随温度变化见表 3-3，材料的热膨胀系数见表 3-4。

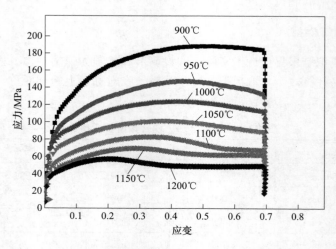

图 3-2　不同温度下材料的真应力真应变曲线

（变形速率 $0.1s^{-1}$，变形量 50%）

表 3-2 材料基本属性

温度/℃	密度/g·mm⁻³	弹性模量 E/GPa	泊松比 μ
900	7.902	122	0.30
950	7.896	117	0.30
1000	7.891	111	0.31
1050	7.886	106	0.32
1100	7.882	102	0.32
1150	7.877	97.1	0.34
1200	7.872	92.8	0.35

表 3-3 材料热导率和比热容

温度/℃	比热容 c_p/J·(g·K)⁻¹	热传导系数 $T.C$/W·(cm·K)⁻¹
850	$7.165598×10^{-1}$	$2.974303×10^{-1}$
900	$7.57852×10^{-1}$	$2.829122×10^{-1}$
950	$8.203942×10^{-1}$	$2.956087×10^{-1}$
1000	$9.0428×10^{-1}$	$3.24729×10^{-1}$
1050	$10.0965×10^{-1}$	$3.35707×10^{-1}$
1100	$11.3641×10^{-1}$	$3.43934×10^{-1}$
1150	$12.84548×10^{-1}$	$2.98448×10^{-1}$
1200	$14.54072×10^{-1}$	$1.529287×10^{-1}$

表 3-4 材料的热膨胀系数

温度/K	热膨胀系数/K⁻¹
298~373	$5.6671×10^{-4}$
373~473	$5.4831×10^{-4}$
473~573	$5.9967×10^{-4}$
573~673	$5.9272×10^{-4}$
673~773	$6.0855×10^{-4}$
773~873	$6.3843×10^{-4}$
873~973	$6.4385×10^{-4}$
973~1073	$6.4681×10^{-4}$
1073~1173	$1.8227×10^{-4}$
1173~1273	$8.1322×10^{-4}$
1273~1373	$8.3112×10^{-4}$
1373~1473	$9.2238×10^{-4}$

3.1.1.3　热边界条件的确定

耦合分析中，工件与轧辊以及二者与环境之间存在热交换，工件与轧辊之间热传导的影响，简化处理后可直接采用接触换热系数来描述工件与轧辊之间的热传递行为，其表达式为

$$q = \alpha_{CT}(T_B - T_A) \tag{3-1}$$

式中，q 为热流量；α_{CT} 为接触换热系数；T_B、T_A 分别为轧辊温度和工件温度。

从式（3-1）中可以看出，α_{CT} 是一个可靠模型的基本参数，由于两接触体之间不可能完全接触，所以在两接触体之间会产生热阻，接触换热系数就是这个热阻的倒数，α_{CT} 的大小取决于两接触体的表面状态、导热性能等诸多复杂因素，一般较难测定，所以接触热传递至今仍然是一个不断发展的热分析的论题。

接触换热系数主要有以下几种计算方法：

（1）大型筒节热轧与热轧带钢类似，接触过程中，接触面内存在氧化铁皮、润滑液、水等杂质，接触过程中产生热阻，Vladimr 给出了接触换热系数与氧化铁皮厚度之间的关系

$$H_{CT} = a_4 + a_5 S \tag{3-2}$$

式中，a_4、a_5 为与润滑条件有关的常数。

$$S = a_1 + a_2 \exp(a_3 T_B) \tag{3-3}$$

式中，S 为氧化铁皮厚度。

（2）接触面上的换热系数是与轧制状态、界面介质及温度等相关的函数。Hlady 指出换热系数不仅可以表示为平均轧制压力的幂函数，而且也可以表示为与轧辊接触的轧件的流变应力的幂函数

$$\alpha_{CT} = 2.857 \times 10^4 k' \left[\frac{p_B}{\sigma(T_{surf}, \varepsilon, \dot{\varepsilon})} \right]^{1.7} \tag{3-4}$$

其中　　　　$k' = \dfrac{k_B k_A}{k_B + k_A}$，$T_{surf} = T_A + (T_B - T_A) \dfrac{\rho_B c_{PB}}{\rho_A c_{PA} + \rho_B c_{PB}}$

式中　p_B——平均轧制压力；

k_A，k_B——轧件和轧辊的热传导系数；

ρ_A，ρ_B——轧件和轧辊的密度；

c_{PA}，c_{PB}——轧件和轧辊的定容比热。

至于工件、轧辊与环境之间的热交换仅考虑对流换热，用对流换热系数表示为

$$q = \alpha_{\text{CVE}}(T_{\text{INK}} - T_{\text{A}}) \qquad (3-5)$$

式中，α_{CVE} 为工件与环境的对流换热系数；T_{INK} 为环境温度。

需要注意的是，在传导传热的条件下，只有当两个面接触时接触体之间才发生热传导。接触时，由于接触体的温度不同，程序会计算两个接触体的热流量直至温度相同时求解完成。因此耦合分析总是在变形分析后一个增量，为了保证两增量步之间温度梯度变化较小，应该使用合理的时间步长。当两接触体相距很近时，我们认为两者之间是接触传热，但是如果两者相距较远时则应用对流换热模型来描述两者之间的热交换行为。

我们取筒节与轧辊的接触换热系数为 $100000\text{W}/(\text{m}^2 \cdot \text{℃})$，筒节与环境之间的对流换热系数见表3-5。定义工件的初始温度为1000℃，轧辊的温度都设定为80℃，环境温度为30℃。

表 3-5　材料的对流换热系数

温度/℃	1200	1150	1100	1050	1000	950	900
对流换热系数/W · (m² · ℃)⁻¹	7.935	7.974	8.005	8.059	8.165	8.170	8.225

3.1.2　筒节轧制过程仿真分析

3.1.2.1　筒节轧制过程等效应变场分布

图3-3为热轧温度为1000℃，摩擦系数0.5时，从筒节内层到外层依次取7个节点，其等效塑性应变随时间的变化曲线。图3-3（a）是筒节中间截面七个节点的变化曲线，由图可知，在筒节中间截面，内层的等效塑性应变最大，外层次之，中间层最小；由图3-3（b）可知，筒节的等效塑性应变内环最大，外层最小，从内层到外层依次减小。筒节中部的塑性变形比边部更加充分。随着轧制过程的进行，等效塑性应变呈阶梯状变化，这是因为筒节轧制过程中筒节连续旋转，每一个阶梯说明筒节轧制一圈。

图3-4为筒节径向同一层面上，沿筒节圆周方向从某一节点到另一节点路径的等效应变分布图。曲线1~6分别代表筒节宽度方向的不同节点路径，筒节沿圆周方向转过5000mm。由图可知筒节同一层面上宽度方向等效塑性应变不同，但其等效塑性应变值的变化率不大。同时也可以看出，随着轧制过程的进行，等效塑性应变值逐渐增加。

图3-5为热轧温度为1000℃时，筒节热轧过程等效应变分布云图（取轧制时刻为2s，10s，20s和30s进行分析）。由图可知，变形开始时，只有筒节内圈和外圈局部区域发生塑性变形，随着轧制过程的进行，塑性区域向中间扩大，直至

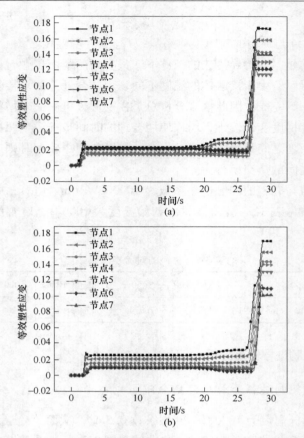

图 3-3　厚度方向不同节点处等效塑性应变随时间的变化

(a) 筒节中间截面；(b) 筒节端面

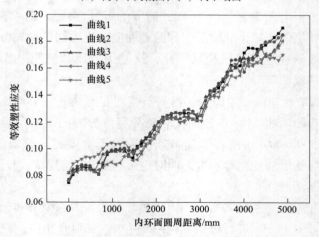

图 3-4　筒节同一层面圆周方向不同节点路径等效应变分布

锻透。由图 3-5 还可知，内环的塑性应变比外环大，且随着时间的增加，塑性区扩展到整个筒节。筒节的中间截面等效塑性应变从外层到中心逐渐减小，筒节端面等效塑性应变从内层到外层逐渐减小，筒节宽度方向上中部的塑性变形好于筒节端部。

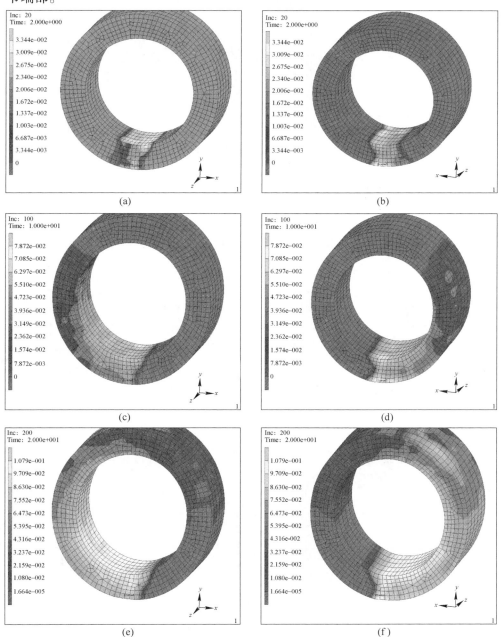

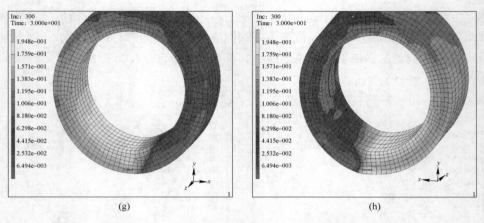

图 3-5　筒节热轧过程中等效应变分布云图

（其中（a），（c），（e），（g）为端面视图；（b），（d），（f），（h）为中间截面视图）

（a），（b）筒节轧制 2s 时；（c），（d）筒节轧制 10s 时；（e），（f）筒节轧制 20s 时；（g），（h）筒节轧制 30s 时

3.1.2.2　筒节轧制过程应力场分布

图 3-6 为热轧温度为 1000℃，摩擦系数 0.5 时，筒节热轧过程轧件和轧辊的

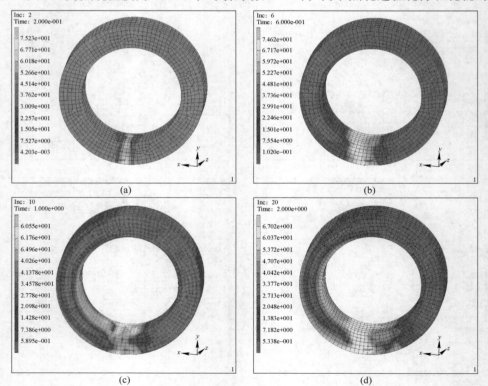

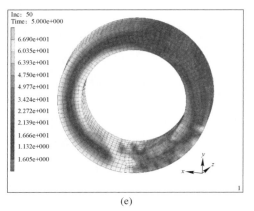 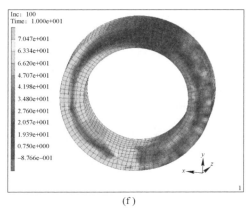

(e)　　　　　　　　　　　　　　　　　(f)

图 3-6　热轧过程中筒节米塞斯应力分布云图

(a) 0.2s；(b) 0.6s；(c) 1s；(d) 2s；(e) 5s；(f) 10s

米塞斯应力分布云图。由图可知，开始轧制时，只有筒节塑性变形区产生米塞斯应力，随着轧制过程的进行，变形区外其他区域的米塞斯应力开始增大，且筒节内外表层的米塞斯应力大于筒节中部。轧制时，与轧辊接触部分的米塞斯应力最大，其他区域米塞斯应力较小，轧制 10s 时，最大应力达到 70.47MPa。

图 3-7 为热轧温度为 1000℃，摩擦系数 0.5，轧制时间为 25s 时，热轧过程轧辊的米塞斯应力分布云图。由图可知，轧辊与筒节接触的米塞斯应力最大，下辊的米塞斯应力大于上辊，最大应力为 203.7MPa。

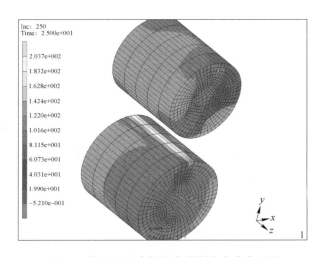

图 3-7　热轧过程中轧辊米塞斯应力分布云图

3.1.2.3　轧制过程筒节温度场分布

图 3-8 为热轧温度为 1000℃，摩擦系数为 0.5 时，筒节热轧过程中温度场的

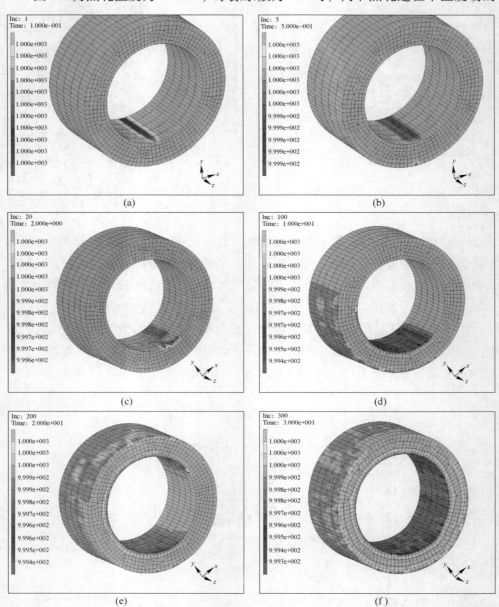

图 3-8　筒节热轧过程中温度场分布云图

（a）筒节轧制 0.1s 时；（b）筒节轧制 0.5s 时；（c）筒节轧制 2s 时；

（d）筒节轧制 10s 时；（e）筒节轧制 20s 时；（f）筒节轧制 30s 时

分布云图。从图中可以看出，轧制第一转时，筒节的温度变化比较小，但从中仍可观察到筒节温度的变化规律。

由图 3-8（a）和（b）可知，在变形初始阶段，筒节与轧辊接触处温度最低，而变形区以外温度变化很小，这是由于筒节与轧辊温差较大，并且开始轧制时筒节的变形量很小，此时接触传热大于塑性功和摩擦生热的缘故，变形区以外主要受到对流和热辐射的影响，并且时间很短，故变化很小。温度的变化随轧制过程的进行由局部小区域扩展到筒节。

由图 3-8（c）~（f）可知，筒节与轧辊接触处温度最高，这是因为随着轧制过程的进行，塑性功和摩擦生热大于接触传热的缘故。还可以看出随着轧制过程的进行，筒节外层和内层表面温度逐渐降低，且内层表面比外层表面降温速度快，这是因为筒节接触传热和对流换热综合作用的结果。由于筒节的对流换热效果不佳，筒节接触传热为主，筒节内表面和上辊接触面积较大，接触传热影响很大，故其表面温度降低幅度比外表面稍大。但从整体上来说，该筒节材料轧制时温度变化很小。

3.1.3　工艺参数对筒节轧制变形影响

3.1.3.1　进给速度的影响

选取进给速度为 $v=\begin{bmatrix} 1 & 2 & 4 \end{bmatrix}$ mm/s，筒节初始温度为1000℃，摩擦系数为0.3，建立有效的大型筒节热轧三维有限元模型，研究不同进给速度对筒节热轧变形的影响规律。图 3-9 是筒节初始温度 1000℃、轧制时间 30s，不同上辊进给速度下筒节等效应变场的分布云图。从图中可以看出，不同进给速度下，筒节等效应变场的分布区域基本一致，筒节内层变形较外层大，且筒节的变形从内层开始，经过一段时间后，外层发生塑性变形，两股塑性变形区最终汇合。随着进给速度的增大，筒节应变逐渐增大，筒节锻透情况较好，但是当进给速度 $v=4$mm/s 时，筒节的变形量较大，筒节变形不均匀，轧制过程容易失稳。当 $v=1$mm/s，

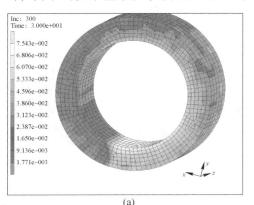

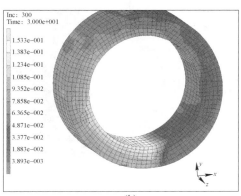

<table>
<tr><td>(a)</td><td>(b)</td></tr>
</table>

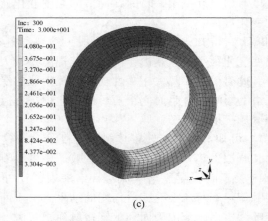

(c)

图 3-9　不同进给速度时筒节等效应变场分布云图

(a) 进给速度为 1mm/s；(b) 进给速度为 2mm/s；(c) 进给速度为 4mm/s

轧制时刻为 30s 时，最大应变量为 0.07；当 $v=2$mm/s，轧制时刻为 30s 时，最大应变量为 0.15。

3.1.3.2　摩擦条件的影响

图 3-10 是不同摩擦系数下成形筒节的等效应变分布云图。从图中可以看出，随着摩擦系数的增加，筒节表层的等效塑性应变值增加，筒节的中间层等效塑性应变值变化不大。这是因为摩擦的增大，导致筒节内外表面的摩擦生热增强，筒节表面金属比内部金属更易流动，变形主要集中在筒节的表层。由图还可以看出，当摩擦系数增加到 0.5 时，金属流动较为均匀，筒节变形较好；当摩擦系数继续增加至 0.7 时，金属流动趋于不均，筒节变形较差。

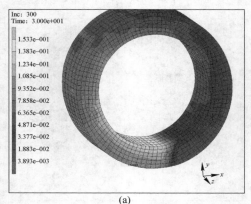
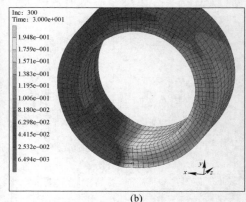

(a)　　　　　　　　　　　　　　　　(b)

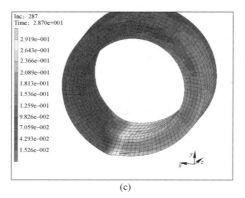

(c)

图 3-10 不同摩擦系数下筒节等效应变场分布云图

（a）$u = 0.3$；（b）$u = 0.5$；（c）$u = 0.7$

3.1.3.3 初始温度的影响

筒节温度对轧制过程金属变形有重要影响。图 3-11 是不同温度下筒节等效

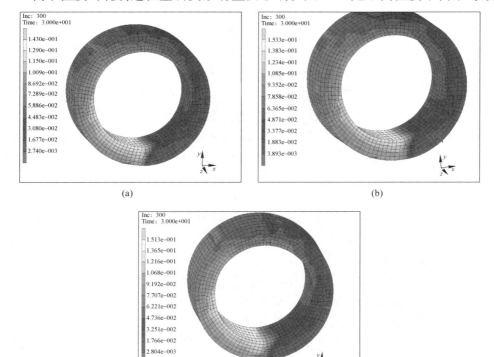

图 3-11 不同初始温度下筒节等效应变场的分布云图

（a）$T = 900$℃，$v = 2\text{mm/s}$；（b）$T = 1000$℃，$v = 2\text{mm/s}$；（c）$T = 1100$℃，$v = 2\text{mm/s}$

应变场的分布云图。从图中可以看出随着筒节初始温度的增加，塑性应变最大值所占区域增加，筒节的变形从筒节的内外层向中层扩展，中层变形区扩大，筒节变形状况越来越好。这是因为温度的升高，材料的流动性能提高的缘故。因此，在筒节热轧过程中，适当提高筒节温度有利于筒节的变形。

3.2　大型筒节轧制过程圆度控制模型

圆度是衡量大型筒节尺寸精度的重要指标。导向辊是大型筒节轧制设备的重要组成部分，它能够调节筒节圆度、减小轧制过程筒节振动和偏摆，保证轧制过程稳定进行。因此，有必要对大型筒节轧制圆度误差进行预报和控制。

3.2.1　导向力计算模型

在筒节轧制过程中，导向辊既能保证轧制过程顺利和稳定进行，又对筒节圆度尺寸产生很大影响。在初轧阶段，由自由锻造的毛坯的内、外圆很不规则，在轧制过程产生剧烈的偏摆和跳动，为保证顺利、稳定进行轧制，导向辊施加一定的约束力使筒节圆心保持在上、下轧辊圆心的连线上；在稳定轧制阶段，导向辊能平衡由异步轧制引起的偏移力，并矫正各种因素引起的筒节不圆；在轧制后期，导向辊对筒节起整圆作用。

导向辊按照运动方式可以分为固定导向辊和随动导向辊，按照数目可以分为单导向辊和双导向辊。固定导向辊虽然能在一定程度上改善筒节的圆度误差，在轧制初期，由于不与轧件接触，无法减小轧件轧制过程中的振动。随着轧制过程进行，轧件外径增大，但由于导向辊位置固定不变，可能导致导向力过大使轧件轧扁。导向辊对称分布于筒节左右两侧，在与筒节摩擦力作用下发生自转，同时，直径逐渐长大的筒节推动导向辊的臂向外运动，而液压缸通过液压作用阻止这种运动，在它们综合作用下，导向辊的臂绕固定铰链旋转，并始终与筒节接触，对筒节施加一定的约束力，保证轧制稳定性和筒节圆度。在大型筒节轧制中，由于筒节尺寸大，吨位重，为了保持轧制过程稳定性和圆度，采用随动双导向辊。

在实际轧制生产中，导向辊在液压装置的作用下始终保持与筒节接触，并给筒节施加一定的抱紧力，以保证筒节的圆度和轧制过程的稳定性。如果抱紧力过小，甚至导向辊与筒节分离，那么在轧制过程，筒节易出现偏心、摇摆等问题，造成轧制过程不稳定。如果抱紧力过大，筒节可能被压扁。因此，合理的控制导向辊的运动对于保证轧制过程的顺利进行和提高筒节尺寸精度具有重要的作用。然而，随着轧制过程的进行，筒节直径不断长大，导向辊的位置也在不断变化，导向辊的运动控制比较复杂，目前主要通过控制导向力和导向辊运动速度两种方式来控制导向辊的运动。

筒节在稳定轧制过程中，认为在水平方向和垂直方向受力平衡。建立筒节受力的力学模型如图 3-12 所示。图中 P_1 为上轧辊对轧件作用的正压力，上轧辊与轧件间摩擦力的合力很小，可以忽略不计。P_2 和 T_2 分别为下轧辊对轧件的正压力和摩擦力，设下轧辊与轧件接触摩擦符合库仑摩擦定律，接触摩擦系数为 μ，则有 $T_2 = \mu P_2$。导向辊 3、4 为空转辊，不能承受摩擦力矩，导向辊与轧件的接触摩擦不考虑，它们对轧件仅有法向作用力，其大小为 P_3 和 P_4。R_1 和 R_2 分别为上、下轧辊半径，R 和 r 分别为轧件外半径和内半径，H 为轧件厚度，α_1 和 α_2 分别为上、下轧辊与轧件的接触角，φ 为导向辊位置角。在此模型中，假设上、下轧辊对轧件作用力的作用点分别位于接触弧的中点。图中坐标系原点位于变形区出口中心，x 轴方向与轧制方向相反。

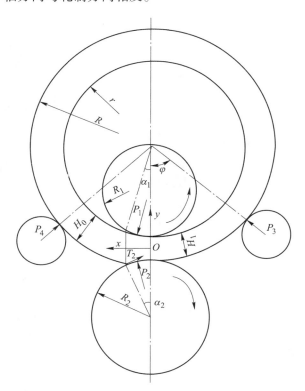

图 3-12 筒节轧制受力分析图

根据筒节的受力平衡条件，可知

$$\sum F_x = P_{1x} + P_{2x} + T_{2x} + P_{3x} + P_{4x}$$

$$= P_1 \sin\frac{\alpha_1}{2} + P_2 \sin\frac{\alpha_2}{2} - \mu P_2 \cos\frac{\alpha_2}{2} + P_3 \sin\varphi - P_4 \sin\varphi = 0 \quad (3\text{-}6)$$

$$\sum F_y = P_{1y} + P_{2y} + T_{2y} + P_{3y} + P_{4y}$$

$$= -P_1\cos\frac{\alpha_1}{2} + P_2\cos\frac{\alpha_2}{2} + \mu P_2\sin\frac{\alpha_2}{2} + P_3\cos\varphi + P_4\cos\varphi = 0 \qquad (3\text{-}7)$$

式 (3-6) 乘以 $\cos\dfrac{\alpha_1}{2}$，得

$$P_1\sin\frac{\alpha_1}{2}\cos\frac{\alpha_1}{2} + P_2\sin\frac{\alpha_2}{2}\cos\frac{\alpha_1}{2} - \mu P_2\cos\frac{\alpha_2}{2}\cos\frac{\alpha_1}{2} + P_3\sin\varphi\cos\frac{\alpha_1}{2} - P_4\sin\varphi\cos\frac{\alpha_1}{2} = 0$$

$$(3\text{-}8)$$

式 (3-7) 乘以 $\sin\dfrac{\alpha_1}{2}$，得

$$-P_1\cos\frac{\alpha_1}{2}\sin\frac{\alpha_1}{2} + P_2\cos\frac{\alpha_2}{2}\sin\frac{\alpha_1}{2} + \mu P_2\sin\frac{\alpha_2}{2}\sin\frac{\alpha_1}{2} + P_3\cos\varphi\sin\frac{\alpha_1}{2} + P_4\cos\varphi\sin\frac{\alpha_1}{2} = 0$$

$$(3\text{-}9)$$

由于左右导向辊关于上下轧辊连心线对称，且采用相同的设备同时控制，可以认为 $P_3 = P_4$。

因此，式 (3-8) 和式 (3-9) 相加，整理得导向辊压力 P_3 为

$$P_3 = \frac{P_2\left[\mu\cos\left(\dfrac{\alpha_1 + \alpha_2}{2}\right) - \sin\left(\dfrac{\alpha_1 + \alpha_2}{2}\right)\right]}{2\cos\varphi\sin\dfrac{\alpha_1}{2}} \qquad (3\text{-}10)$$

式中，$\alpha_1 \approx \dfrac{L}{R_1}$，$\alpha_2 \approx \dfrac{L}{R_2}$，接触弧投影长度为

$$L = \sqrt{\frac{2\Delta H}{\dfrac{1}{R_1} + \dfrac{1}{R_2} + \dfrac{1}{R} - \dfrac{1}{r}}} \qquad (3\text{-}11)$$

式中，ΔH 为轧制过程筒节每转轧制压下量，在已知进给速度 v 的条件下其计算式为

$$\Delta H = \frac{v}{n_1}\frac{R}{R_2} \qquad (3\text{-}12)$$

由式 (3-10) 可以看出，筒节在整个轧制过程中，导向辊压力的大小与轧制力 P_2 有关。

3.2.2　导向力极限值

在实际轧制生产中，如果工艺参数设置不合理，筒节在轧制过程中很容易被压扁而成为废品，如图 3-13 所示，有限元模拟筒节被压扁现象与实际生产相吻

合。筒节在轧制过程中出现压扁现象的主要原因是偏心所致。当筒节偏心时，偏心一侧的导向辊作用在筒节上的导向力增加，随着偏心量的增加，作用在筒节上的导向力也增加。当导向力超过筒节所能承受的最大值时，筒节就会被压扁。如果在设计轧制工艺时能提前计算出筒节能承受的最大导向力，通过控制系统减小导向力，可以有效地防止筒节在轧制过程中被压扁的现象，对筒节实际生产具有重要的指导意义。

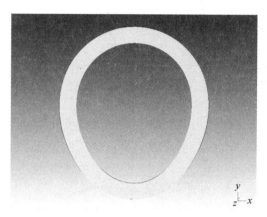

图 3-13 有限元模拟时筒节被压扁

假设大型筒节轧制过程时，被轧材料是刚塑性的。在极限分析理论中，筒节在导向力作用下发生塑性变形，应只有个别点屈服形成塑性铰，其余部分保持刚性状态。

由于导向辊对筒节的作用关于上、下辊连心线对称，因此，可以只取筒节的一半进行分析。于是，建立大型筒节轧制过程导向辊对筒节作用的力学模型，如图 3-14 所示。图中，F_s 为导辊导向力，其方向通过作用点 B 指向圆心 O 点，φ 为导向辊作用力与中心线的夹角（位置角），R_m 为筒节中径，$R_m = (R + r)/2$。由于轧辊的夹持作用，变形区 A 处假设为固定端。D 点在导向力作用下，可沿上下辊连心线自由运动。在导向力 F_s 作用下，认为 A、B、C 三点处形成塑性铰，其中 C 点位置待定，其余部分为刚性区。塑性铰处产生的极限塑性弯矩为

$$M_s = \frac{1}{4}BH^2\sigma_s \tag{3-13}$$

式中　B——筒节轴向宽度，m；

　　　H——筒节径向厚度，m；

　　　σ_s——材料屈服极限，MPa。

筒节在导向辊导向力作用下产生微小虚位移，设 AB 绕 A 点转过一个微小虚位移 θ，BC 的瞬时转动中心为 O_1，由几何关系得，B、C 两点处相应的角位移为

$$\theta_B = \left[1 + \frac{\sin^2(\varphi/2)}{\sin(\alpha/2 - \varphi/2)\sin(\varphi/2 + \alpha/2)} \right] \theta \qquad (3\text{-}14)$$

$$\theta_C = \left[\frac{\sin^2(\varphi/2)}{\sin(\alpha/2 - \varphi/2)\sin(\varphi/2 + \alpha/2)} \right] \theta \qquad (3\text{-}15)$$

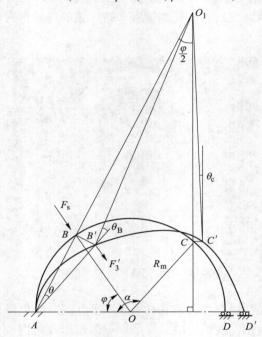

图 3-14　导向辊对筒节作用的力学模型

根据虚功原理，所有外力所做的虚功 W_e 等于内力虚功 W_i，即

$$W_e = W_i \qquad (3\text{-}16)$$

内力做功为

$$W_i = M_s(\theta + \theta_B + \theta_C) \qquad (3\text{-}17)$$

外力虚功为导向力与在其方向上的虚位移之积，即

$$W_e = F_s AB\cos\frac{\varphi}{2} = F_s R_m \theta \sin\varphi \qquad (3\text{-}18)$$

式中　F_s——筒节产生塑性应变时的导向力，N。

整理得

$$F_s = \frac{1}{2}BH^2\sigma_s \frac{1}{R_m\sin\varphi}\left[1 + \frac{\sin^2(\varphi/2)}{\sin(\alpha/2 - \varphi/2)\sin(\alpha/2 + \varphi/2)} \right] \qquad (3\text{-}19)$$

其中，$0 < \varphi \leqslant \dfrac{\pi}{2}$。

为求得最小上限解，利用极值条件

$$\frac{\partial F_{s}}{\partial \alpha} = 0 \tag{3-20}$$

由极值条件可得

$$\alpha = \pi \tag{3-21}$$

结果说明 C 点和 D 点重合，即在导向辊作用下，实际发生塑性铰的位置为 A、B、D 三点。将该结果代入式（3-19），可得使筒节产生塑性变形时的导向辊导向力为

$$F_{s} = \frac{1}{2}BH^{2}\sigma_{s}\frac{1}{R_{m}\sin\varphi}\left(1 + \tan^{2}\frac{\varphi}{2}\right) \tag{3-22}$$

导向辊导向力无量纲形式为

$$\frac{F_{s}R_{m}}{M_{s}} = \frac{2}{\sin\varphi}\left(1 + \tan^{2}\frac{\varphi}{2}\right) \tag{3-23}$$

图 3-15 所示导向辊导向力无量纲形式随位置角 φ 变化规律。由式（3-23）得最小导向力及最佳位置角为

$$\begin{cases} F_{smin} = \frac{16\sqrt{3}}{9}\frac{M_{s}}{R_{m}} \\ \varphi_{min} = 60° \end{cases} \tag{3-24}$$

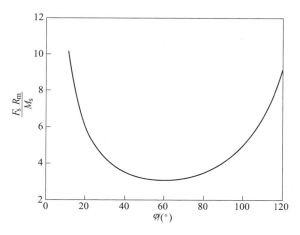

图 3-15 导向力无量纲形式随位置角 φ 变化

3.2.3 导向辊运动模型

在轧制过程中，如果导向辊的运动位置不适当，可能会导致筒节被压扁或轧制过程无法顺利进行。因此，控制导向辊运动轨迹是一个非常关键的问题，它的初始位置和运动轨迹直接影响着最终产品的质量。在实际生产中，随着筒节半径

的不断增大，导向辊由液压装置不断调整位置，起到稳定筒节，保证圆度的作用。从理论上分析，导向辊应该按照一定的轨迹运动。通过计算出导向辊运动速度来实现高效控制导向辊运动轨迹。

导向辊运动速度与筒节直径扩大速度密切相关，所以首先分析筒节直径扩大速度。在轧制过程中，筒节的直径和径向厚度发生改变，而其体积是不变的（体积不变原理）。即任一时刻筒节体积都等于初始毛坯体积。

设筒节毛坯的外半径为 R_0，内半径为 r_0，径向壁厚 $H_0 = R_0 - r_0$，轧制过程中筒节的外半径、内半径、径向壁厚分别为 R、r、H。在忽略宽展的情况下，根据塑性变形体积不变条件，得

$$\pi(R^2 - r^2) = \pi(R_0^2 - r_0^2) \tag{3-25}$$

而 $r_0 = R_0 - H_0$，$r = R - H$，则轧制过程中筒节外半径 R 为

$$R = \frac{1}{2}\left[\frac{(R_0 + r_0)H_0}{H} + H\right] \tag{3-26}$$

对时间 t 求导，可得筒节外径扩大速度 v_R 为

$$v_R = \frac{\mathrm{d}R}{\mathrm{d}t} = \frac{1}{2}\left[\frac{(R_0 + r_0)H_0}{H^2} - 1\right]\left(-\frac{\mathrm{d}H}{\mathrm{d}t}\right) \tag{3-27}$$

筒节径向厚度为

$$H = H_0 - vt \tag{3-28}$$

式中，v 为上辊进给速度，m/s，等于壁厚减小速度，即

$$v = -\frac{\mathrm{d}H}{\mathrm{d}t} \tag{3-29}$$

将式（3-28），式（3-29）代入式（3-27），得

$$v_R = \frac{1}{2}\left[\frac{(R_0 + r_0)H_0}{(H_0 - vt)^2} - 1\right]v \tag{3-30}$$

假设在整个轧制过程中，导向辊位置角 φ 保持不变，因此将导向辊的运动速度沿水平 x 和竖直 y 方向分解，速度分量可以通过筒节外径扩大速度表示出来，如图 3-16 所示。

$$\begin{cases} v_{3y} = v_R(1 - \cos\varphi) \\ v_{3x} = v_R\sin\varphi \end{cases} \tag{3-31}$$

式中　v_{3x}——导向辊沿 x 方向的运动速度，m/s；

v_{3y}——导向辊沿 z 方向的运动速度，m/s。

考虑到轧制过程筒节存在宽展，将上式修正为

$$\begin{cases} v_{3y} = kv_R(1 - \cos\varphi) \\ v_{3x} = kv_R\sin\varphi \end{cases} \tag{3-32}$$

式中，k 为修正系数，取值范围 0~1。

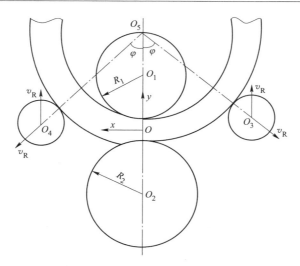

图 3-16 导向辊运动控制示意图

由于左右导向辊关于上下辊圆心连线对称，所以导向辊 4 与导向辊 3 运动速度相同。由式（3-26）可以得到轧制过程中筒节外半径大小。根据式（3-27）可以计算出筒节在轧制过程中任一时刻外半径扩大速度。由式（3-28）可以计算出任意时刻筒节径向厚度。根据式（3-31）可以计算出任一时刻导向辊运动速度。在有限元模拟建模中，将以上分析的导向辊运动速度导入模型中，通过控制速度来对导向辊约束和控制，可以得到很好的模拟效果。

3.2.4 有限元模拟仿真分析

由于大型筒节尺寸和重量都很大，对轧机的轧辊尺寸和轧制力要求也很大；其次，大型筒节毛坯成本比较高，不能出现轧扁的现象。综合以上分析，进行轧制生产试验往往比较困难，而且成本高。而有限元模拟试验是分析金属塑性变形的一种重要手段，能够为工艺设计和优化提供指导。为了对上述分析进行验证，利用有限元软件进行大型筒节轧制模拟试验。有限元模型如前所述，下辊做旋转运动，上辊做进给运动和旋转运动，导向辊初始位置角为 60℃，具体仿真参数如表 3-6 所示。上辊径向进给速度如图 3-17 所示。

表 3-6 仿真模拟参数

名　称	数值	名　称	数值
下辊直径/mm	2000	筒节内径/mm	3900
上辊直径/mm	1800	筒节外径/mm	4900
上辊转速/mm·s⁻¹	130	筒节宽度/mm	2680
下辊转速/mm·s⁻¹	150	轧制温度/℃	1120

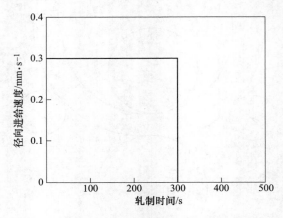

图 3-17　上辊径向进给速度图

通过有限元数值模拟得到如图 3-18 所示的轧制过程中筒节变化示意图。从

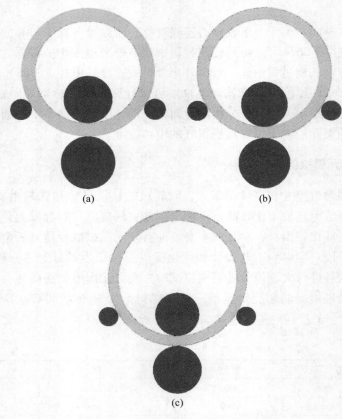

图 3-18　轧制过程筒节变化示意图
（a）0 步；（b）2000 步；（c）4700 步

不同轧制阶段的筒节形状可以看出，随着轧制过程的进行，筒节内、外径不断增大，径向厚度逐渐减小。轧制结束时，筒节内外圆形状比较规整，壁厚均匀，数值模拟效果较好。

在模拟大型筒节轧制过程中，筒节半径逐渐增大，经计算得到筒节半径变化，将计算值与模拟值进行对比，如图 3-19 所示，两者基本相符，证明计算模型具有一定的可靠性。可以看出，随着轧制过程的进行，筒节半径不断增大。

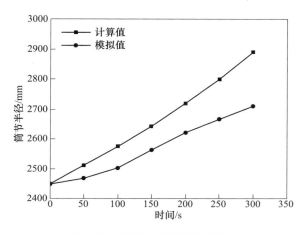

图 3-19　轧制过程筒节半径变化

为了验证上面导向力极限值的分析，进行了在导向力作用下筒节失稳模拟试验。逐渐增加导向力，直至筒节失稳。筒节失稳后的形状如图 3-20 所示。这与试验得到的失稳形状很接近，说明假设的塑性铰是合理的。筒节模拟试验得出失

图 3-20　有限元模拟筒节失稳图

稳力为 3100kN，计算值 3516.8kN，两者相对误差为 11.4%，理论值与实验值基本吻合，说明理论分析是可靠的。

3.3　不同控制方式的圆度控制效果

3.3.1　圆度误差

圆度误差是形状误差的一种，其定义为：作一个外包容圆和与之同心的内包容圆去包容实际圆轮廓，此两同心圆的半径差值即为此圆的圆度误差，如图 3-21 所示。

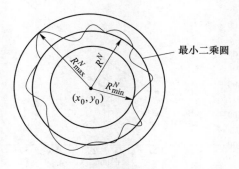

图 3-21　最小二乘圆法圆度误差示意图

圆度误差的评定方法计算主要有 4 种：最小二乘圆法、最小区域法、最大内切圆法和最小外接圆法。由于最小二乘法简便易行，本章采用最小二乘圆法计算筒节圆度误差。最小二乘圆法规定，以被测圆轮廓上相应各点至圆周距离的平方和为最小圆的中心为圆心，所作包容被测圆轮廓的两同心圆的半径差即为圆度误差，如图 3-21 所示。

对于轧制过程某一时间点 t^N，将筒节轴对称面上的外圆节点作为圆度误差计算对象，该轮廓上的各节点坐标为 $(x_i^N, y_i^N, 0)$，根据最小二乘圆法公式

$$\| \delta \|^2 = \min \sum_{i=0}^{m} \left[\sqrt{(x_i^N - x_0^N)^2 + (y_i^N - y_0^N)^2} - R^N \right]^2 \tag{3-33}$$

可以确定在轧制时间点 t^N 筒节圆心坐标 $(x_0^N, y_0^N, 0)$，最小二乘圆半径 R^N 和圆度误差 $\varepsilon^N = R_{\max}^N - R_{\min}^N$，其中，$R_{\max}^N = \max \left[\sqrt{(x_i^N - x_0^N)^2 + (y_i^N - y_0^N)^2} \right]$，$R_{\min}^N = \min \left[\sqrt{(x_i^N - x_0^N)^2 + (y_i^N - y_0^N)^2} \right]$ $(i = 1, 2, \cdots, m)$。

3.3.2　控制导向辊运动轨迹

基于有限元模型和式（3-32）计算结果，将导向辊运动轨迹曲线，即速度-时间关系导入有限元模型中，来控制导向辊的运动路径。图 3-22 为轧制过程中

筒节外径变化。可以看出，随着轧制过程的进行，筒节壁厚逐渐减小，半径逐渐增大。图 3-23 为轧制过程筒节圆心位移变化。数值模拟结果表明，筒节圆心位移是逐渐增大的。随着筒节半径逐渐增大，圆心也在跟着变化，越来越偏离初始圆心。

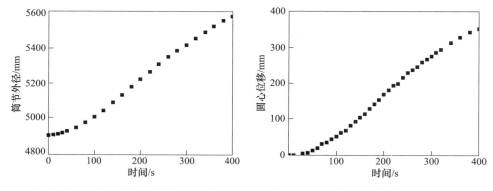

图 3-22　轧制过程中筒节外径变化　　　　图 3-23　轧制过程中筒节圆心位移变化

图 3-24 所示轧制过程中筒节外圆圆度误差变化。可以看出，在轧制过程中，圆度误差总体趋势是不断增加。由于轧制过程中不稳定和振动的产生，导致圆度误差产生一定的波动。

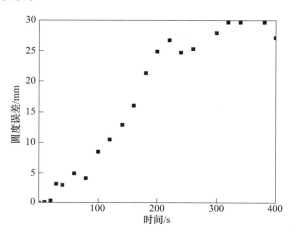

图 3-24　轧制过程中筒节外圆圆度误差

3.3.3　控制导向力

在其他轧制参数和条件不变的情况下，采用固定导向力控制导向辊，在筒节轧制初期，为了提高轧制过程的稳定性宜采用较大的导向力，但此压力不可过大，防止轧件发生塑性弯曲。在轧制的后期，为了减小筒节的圆度误差宜采用较小的导向力，但此压力也不能太小，而是选择一个合适值。当采用固定导向力控制导向辊运动时，轧制模拟的产品效果图如图 3-25 所示，从图中可以看出，该产品圆度和形状近似比较规整。

图 3-25　轧制模拟的产品效果图

若想进一步减小圆度误差，可采用变导向力控制导向辊运动。在轧制初期，采用较大的导向力，在轧制后期，采用较小的导向力，防止导向力增大圆度误差。

3.3.4　轧制工艺参数的影响

大型筒节轧制工艺中，决定筒节周向尺寸精度的因素除了导向辊的约束，还与上辊的进给速度、轧辊转速、轧辊尺寸和筒节尺寸等因素有关。实际生产中轧辊尺寸和筒节尺寸是确定的（亦即是不能随意改变的），因此本章仅分析上辊的进给速度和轧辊转速对筒节圆度误差的影响。

3.3.4.1　进给速度的影响

在其他轧制参数相同的前提下，分别取不同的进给速度进行筒节轧制模拟分析。有限元模拟实验进给速度分别取 0.3mm/s、0.6mm/s、1.0mm/s 和 5.0mm/s，可得到不同质量的筒节产品。图 3-26 是进给速度分别为 1.0mm/s 和 5.0mm/s 时筒节外形。可以看出，当进给速度为 5.0mm/s，筒节产生了压扁现象，可能是由于进给量太大引起刚度条件不满足。在其他进给速度条件下，筒节的外形比较规整，但进给速度较小时，筒节形状更好。在满足锻透条件的前提下，较小的进给速度有利于保持筒节的圆度。

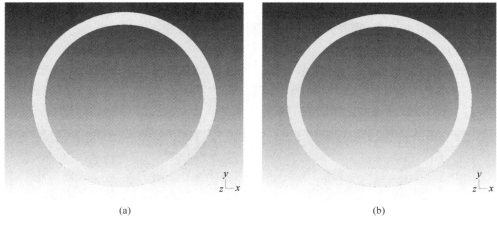

图 3-26　不同进给速度的筒节外形
（a）进给速度为 1.0mm/s；（b）进给速度为 5.0mm/s

　　图 3-27 是不同进给速度的筒节圆度误差。可以看出，在其他轧制参数相同情况下，增大上辊进给速度，每转的进给量增加，轧制的不稳定性增高，导致筒节外圆的圆度误差增大，成形质量变差。如果减小上辊的进给速度，筒节的周向尺寸精度提高，但轧制时间增加，生产效率降低。因此，在满足轧制条件和设备能力的前提下，上辊可以采用变化的进给速度，即在稳定轧制阶段，适当增大进给速度，而在轧制后期，逐渐减小进给速度，直至轧制最后一圈，进给速度为零，对筒节进行整圆，提高筒节圆度。这样不仅提高了生产效率，而且保证了筒节的周向尺寸精度。

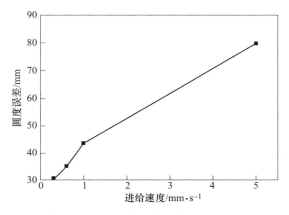

图 3-27　不同进给速度的筒节圆度误差

3.3.4.2　辊速的影响

在其他轧制参数相同的前提下，分别取不同的辊速进行筒节轧制。上下辊速分别取 0.023r/s、0.0478r/s、0.0796r/s 和 0.1592r/s，得到不同质量的筒节产品。图 3-28 是不同转速时的筒节外形。可以看出辊速为 0.023r/s 时，筒节外形良好、壁厚比较均匀、内外圆比较规整；辊速为 0.1592r/s 时，筒节出现椭圆、压扁。可见，辊速越大，外圆越不规整。

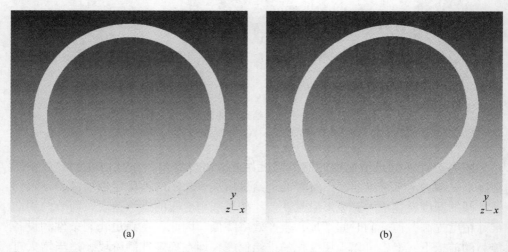

(a)　　　　　　　　　　　　　　　(b)

图 3-28　不同辊速的筒节外形
（a）辊速为 0.023r/s；（b）辊速为 0.1592r/s

图 3-29 是在不同轧辊转速时的筒节圆度误差变化。从图中可以看出，辊速

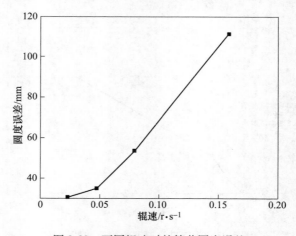

图 3-29　不同辊速时的筒节圆度误差

为 0.023r/s 时圆度误差较小。随着辊速的增加，轧制过程的平稳性越差，振动增大，轧件圆周方向变得不规则，造成产品圆度误差增加，产品尺寸精度下降[23]。但是当轧辊转速过小时，筒节轧制生产效率低，生产周期长，热轧筒节温度降低使得轧制变形抗力增加，加重了筒节轧制设备负荷；而转速过大时可能提供的轧制力矩不够，轧制出的产品尺寸精度较低。因此，在满足筒节轧制条件的前提下，合理的选取轧辊转速，才能兼顾生产效率和产品质量。

3.4 大型筒节轧制防跑偏理论技术

3.4.1 筒节跑偏的原因

当前，通过自由锻造加工出的筒节坯料较为常见，但是该方式加工出的筒节坯料尺寸精度和形状精度不高，因此筒节坯料的外形尺寸呈多样性。较为典型的一种情况为筒节两端外径尺寸大小不同，在轧制过程中易出现往一端跑偏的现象。

筒节轧制时，在不打滑的前提下，筒节两端的线速度相同，但是由于筒节两端的外径不同，造成了筒节在转动一段距离后两端的转角不同，即筒节的轴线和上、下工作辊的中心线不平行，形成夹角 $d\theta$，夹角 $d\theta$ 就以跑偏的形式表现出来，如图 3-30 所示。

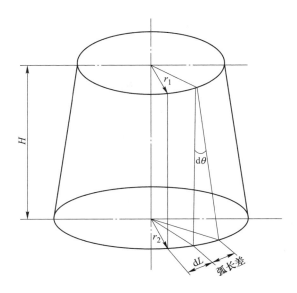

图 3-30　筒节坯料外形示意图

3.4.2　筒节防跑偏控制方法

面对筒节跑偏这一问题，现有技术采用机械结构对筒节跑偏进行控制。具体的控制方法是在筒节的端部加上推床，当筒节偏往一端时，利用推床将筒节推回到初始轧制位置，再继续进行轧制。但这种现有技术存在很大的不足：采用机械结构虽能够保证筒节完成轧制，但是利用推床推筒节的过程过于频繁，造成轧制时间变长，筒节温降过大，轧机负荷增加，筒节轧制变得困难。

除此之外，中国一重的刘刚等在其发明专利"一种筒节轧制跑偏工艺方法"中提出了一种更为便捷的筒节轧制防跑偏方案。该方案的原理与现有技术相似，但省去了推床的使用，通过直接调整下工作辊的倾斜角度来实现防跑偏的目标，即在筒节轧机上分多道次轧制筒节，在每一道次轧制之前，调整下工作辊的倾斜数值。调整下工作辊的倾斜数值是根据：在每一道次轧制之前计算出筒节不跑偏时的两端外径轧制前后的尺寸、筒节坯料宽度和筒节轧制距离之间的关系，即每道次轧制完成后筒节两端的外径相同，并根据此计算关系反推出每道次下工作辊的倾斜数值。

下工作辊的倾斜数值是指筒节坯料小端的下工作辊端部的高度值，以本道次轧制后筒节两端的外径相同为条件，建立筒节坯料小端的下工作辊端部的高度值公式

$$Q = T_0 + t_1 - t_2 - T_1 + T_2$$

当筒节偏移量 $P = 0$ 时

$$W = \frac{(r_2 - r_1)(R_2 - r_2)}{Hr_1}l^2 + \frac{(r_1R_2 - r_2R_1)(R_2 - r_2)}{6\pi rl^2r_2H}l^3$$

可推算出

$$T_2 = \frac{d_2 - \sqrt{d_2^2 - 4(D_1 - T_1)\Delta T_1}}{2}$$

$$d_2 = \frac{(d_1 - t_1)t_1}{t_1 - \Delta t} + (t_1 - \Delta t)$$

式中　Q——下工作辊倾斜数值，mm，$Q>0$ 为筒节坯料小端的下工作辊端部向高调整，$Q<0$ 为筒节坯料小端的下工作辊端部向低调整，$Q=0$ 则筒节坯料小端的下工作辊端部高度为 0；

d_1——轧前筒节小端直径，mm；

d_2——轧后筒节小端直径，mm；

t_1——轧前筒节小端壁厚，mm；

t_2——轧后筒节小端壁厚，mm；

Δt——当前道次的压下量，mm，以筒节小端为基准；

D_1——轧前筒节大端直径，mm；

T_1——轧前筒节大端壁厚，mm；

T_2——轧后筒节大端壁厚，mm；

T_0——筒节坯料壁厚差，mm；

R_1——轧前筒节大端半径，mm；

R_2——轧后筒节大端半径，mm；

r_1——轧前筒节小端半径，mm；

r_2——轧后筒节小端半径，mm；

H——筒节坯料宽度，mm；

l——筒节轧制距离，mm；

W——筒节的偏移量，mm。

此筒节防跑偏技术方案在实际生产中得到了很好的应用，可有效解决筒节在轧制过程中跑偏的技术难题，节省了推床的干预时间，缩短了筒节轧制时间，极大地提高了筒节的生产效率。

本章建立了筒节轧制过程热力耦合有限元模型，分析了筒节热轧过程中应力场、应变场和温度场，分析了工艺参数对筒节热轧应变场和温度场的影响。建立导向辊运动模型和导向力模型，分析了控制导向辊运动和固定导向力两种方式下筒节圆度误差变化规律，研究轧制工艺参数（进给速度和轧辊转速）对筒节圆度误差的影响，研究了筒节防跑偏理论技术。

第4章 大型筒节轧制过程微观组织演变

4.1 材料变形抗力模型

4.1.1 不考虑剪切应变的材料变形抗力试验和模型

试样材质为 2.25Cr1Mo0.25V，化学成分如表 4-1 所示。

表 4-1 试验材料的化学成分

化学成分（质量分数)/%								
C	Si	Cr	Mn	P	Mo	V	Ti	B
0.15	0.04	2.25	0.58	0.005	1.00	0.027	0.02	0.001

试验在 Gleeble-3500 热模拟试验机上进行，采用压缩法测试不同工艺条件下的真应力-真应变曲线，将试样加工成 φ10mm×14mm 的圆柱，如图 4-1 所示，并对试件进行必要的表面处理，要求使试样表面光洁，两端平行且光滑，不应有裂纹等缺陷。试验方案如图 4-2 所示，将试样以 10℃/s 的速度加热到 1200℃，保温 30min 使试件内部奥氏体均匀化，之后以 5℃/s 的冷却速度将变形温度降至 1000 ~ 1150℃，保温 2min 以确保试件内外温度均匀一致，最后进

图 4-1 试样图示

行压缩（1200℃时保温 30min 后直接进行压缩），变形量为 50%（真应变 0.7），变形速率分别为 $0.001s^{-1}$、$0.01s^{-1}$、$0.1s^{-1}$、$1s^{-1}$、$10s^{-1}$，得出热变形时材料的真应力-真应变曲线。

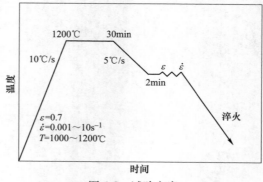

图 4-2 试验方案

4.1.1.1 变形速率与变形抗力的关系模型

通过试验研究得到，变形抗力与变形速度的关系如图 4-3 所示，由该图可知，在一定的变形程度条件下，随着应变速率的对数增加，变形抗力的对数也增加，且呈线性关系，即

$$K_{\dot{\varepsilon}} = \dot{\varepsilon}^C \tag{4-1}$$

式中，C 为变形速度指数，该值随温度的增加而增大，C 值常为 $0.08 \sim 0.16$。

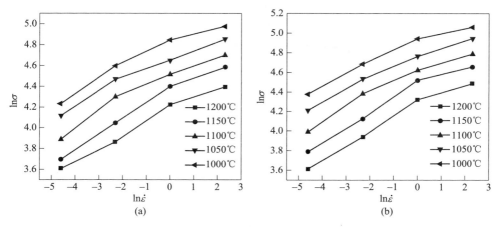

图 4-3　变形抗力与变形速率双对数关系

（a）$\varepsilon = 0.15$；（b）$\varepsilon = 0.2$

4.1.1.2 变形温度与变形抗力的关系模型

通过试验研究得到，变形抗力与变形温度的关系如图 4-4 所示。对于变形抗

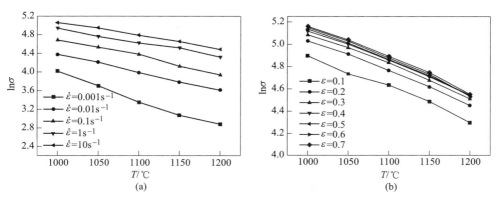

图 4-4　变形抗力与变形温度双对数关系

（a）$\varepsilon = 0.25$；（b）$\dot{\varepsilon} = 10\mathrm{s}^{-1}$

力与变形温度的关系，普遍观点认为：无论在静负荷还是在动负荷下，所有强度指标的对数均随相应温度按直线规律变化如下式所示：

$$K_T = \exp(B/T) \tag{4-2}$$

式中，K_T 为变形温度影响系数；B 为回归系数；T 为变形温度。

图 4-4（a）为变形程度 $\varepsilon = 0.25$，不同变形速度条件下，变形抗力随变形温度变化的情况，由该图可知：$\ln\sigma$ 随 T 的提高大致呈线性降低，其斜率与变形速率的大小有关，$\dot{\varepsilon}$ 越大，直线斜率越小。图 4-4（b）为变形速率 $\dot{\varepsilon} = 10\text{s}^{-1}$，不同变形程度条件下变形抗力随变形温度变化的情况，由图可知，不同变形程度条件下曲线的斜率亦不同。所以要准确反映 $\ln\sigma$-T 的关系，必须考虑变形速率 $\dot{\varepsilon}$ 和 ε 的影响。因此综合考虑变形温度、变形速率和变形程度，建立模型如下：

$$K_T = \exp\left[B/T + f(\dot{\varepsilon}) + f(\varepsilon)\right] \tag{4-3}$$

式中，B 为回归系数；T 为变形温度；$f(\dot{\varepsilon})$、$f(\varepsilon)$ 分别为应变速率和应变的函数。

4.1.1.3　变形程度与变形抗力的关系模型

变形程度也是影响变形抗力的重要因素，二者关系如图 4-5 和图 4-6 所示。由图 4-5 可知，当变形温度 T 为 1000℃、1050℃、1100℃时，随着变形程度的增加，变形抗力逐渐增大，但增大的速度逐渐减小，这是由于金属发生了动态回复，加工硬化的程度逐渐减小，以上三条真应力-真应变曲线即为动态回复型变形抗力曲线；T 为 1150℃、1200℃时，随着变形程度的增加，变形抗力出现了峰值，随后有减小的趋势，这是由于金属发生了动态再结晶，使位错密度减小，从而导致变形抗力减小，这两条真应力-真应变曲线即为动态再结晶型变形抗力曲线。

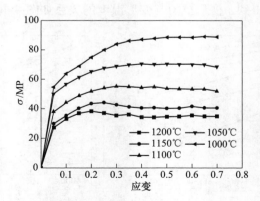

图 4-5　变形抗力与变形程度关系（$\dot{\varepsilon} = 0.01\text{s}^{-1}$）

由图 4-5 知，在同一变形速率下，随金属温度的升高，变形抗力减少，但在同一温度条件下，随变形程度的增加，变形金属内部强化作用增加，变形抗力随变形程度的增加而加大，$\ln\sigma$-$\ln\varepsilon$ 呈线性关系，如图 4-6 所示。其常用公式为：

$$K_\varepsilon = \varepsilon^D \tag{4-4}$$

式中，K_ε 为变形速率影响系数；D 为回归系数。

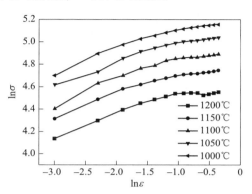

图 4-6　变形抗力与变形程度双对数关系

综合考虑变形速率、变形温度和变形程度的影响，将 2.25Cr1Mo0.25V 钢的变形抗力数学模型表示为如下形式：

$$\sigma = \sigma_0 K_T K_\varepsilon K_{\dot\varepsilon} \tag{4-5}$$

即：

$$\sigma = A\exp\left[B/T + f(\dot\varepsilon) + f(\varepsilon)\right]\varepsilon^D\dot\varepsilon^C \tag{4-6}$$

式中，σ_0 为在一定变形工艺条件下的应力；A、B、C、D 为回归系数。

利用多元非线性回归方法回归待定系数，得到动态回复型和动态再结晶型变形抗力的数学模型如下所示：

$$\sigma = 5.18\exp(3495.32/T - 0.165\dot\varepsilon + 0.165)\varepsilon^{0.157092}\dot\varepsilon^{0.12}（动态回复型）\tag{4-7}$$

$$\sigma = 1.5695\exp\left[6012.051/T - (\dot\varepsilon - 0.001)^{0.505} - 0.72\varepsilon\right]\varepsilon^{0.245}\dot\varepsilon^{0.288}（动态再结晶型）$$

$$\tag{4-8}$$

计算值与试验测量值对比如图 4-7 所示，由图可知，该模型误差在 10% 以内。

4.1.2　考虑剪切应变的材料变形抗力试验和模型

图 4-8 为 SCS 压剪试件，试件基体为 ϕ10mm×20mm 圆柱体，在与圆柱体的纵向轴线呈 45°的方向上加工两条斜槽，这样圆柱端面受到的压力 P 传递至剪切带部分时，剪切带将承受压剪复合作用，处于压缩与剪切的复合受力变形中，呈现压剪复合的复杂变形状态。剪切带的尺寸由槽的宽度 w 和厚度 t 决定，对于所有的 SCS 压剪试验模型，厚度 $t = 2.5$mm，而槽的宽度设计为：w 为 0.25mm、0.50mm、1.00mm、2.00mm，借此分析不同开槽宽度下试件的压缩变化状态。

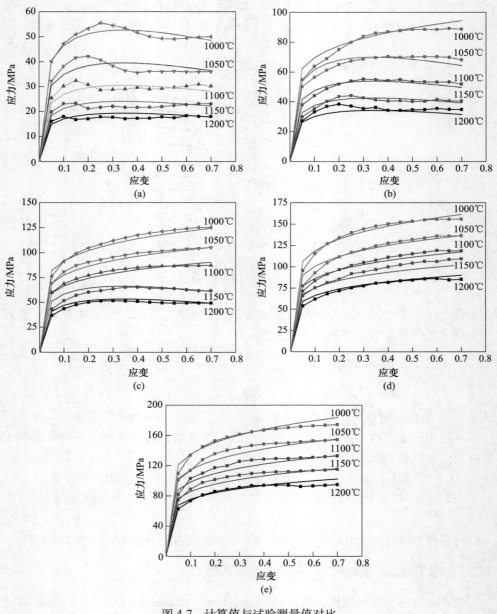

图 4-7　计算值与试验测量值对比

（点折线为测量值）

（a）$\dot{\varepsilon} = 0.001\mathrm{s}^{-1}$；（b）$\dot{\varepsilon} = 0.01\mathrm{s}^{-1}$；（c）$\dot{\varepsilon} = 0.1\mathrm{s}^{-1}$；（d）$\dot{\varepsilon} = 1\mathrm{s}^{-1}$；（e）$\dot{\varepsilon} = 10\mathrm{s}^{-1}$

所有试件应砂纸打磨，酒精擦拭，以保证光滑无缺陷。

实验方案如图 4-9 所示，以 10℃/s 的加热速度将试件升温至 1200℃，保温

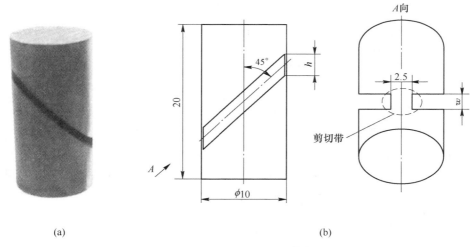

图 4-8 SCS 压剪试件示意图

（a）SCS 压剪试件；（b）SCS 压剪试件尺寸图

时长 5min，随后以 5℃/s 的速率降温至所需温度 1000℃，保温时长 2min，之后压缩。变形速率依次是 $0.01s^{-1}$、$0.1s^{-1}$、$1s^{-1}$，压缩变形量 20%，最后得出该合金钢的热压缩真应力-真应变曲线。需要注意的是，Gleeble-3800 模拟试验机自动采集的参数为：压力、位移、时间、温度、名义应力、名义应变，但由于这里的名义应力、名义应变为电脑按照圆柱压缩试验的计算方程自动给出，仅是符合普通圆柱压缩的情形，并不符合试件中 SCS 压剪试件的实际情况，故不予采纳。在对 SCS 的数据处理中主要采用压力、位移和时间三种参数进行计算。

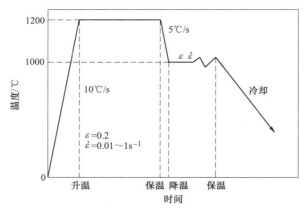

图 4-9 试验方案

根据 SCS 压剪试件的压力、位移等试验数据绘制 SCS 压剪试件两端受到的压力（P）-位移（d）曲线，并与普通圆柱试件受到的压力作对比，如图 4-10 所示。

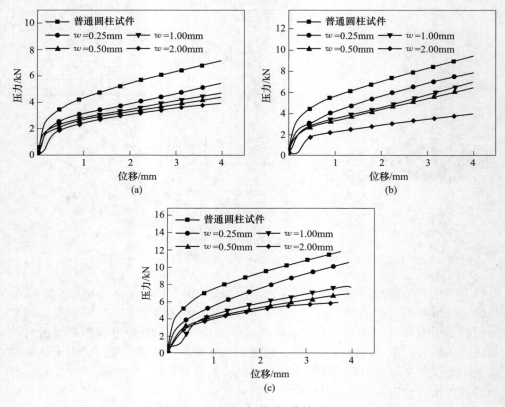

图 4-10　P-d（压力-位移）曲线对比图

（a）应变速率为 $0.01s^{-1}$；（b）应变速率为 $0.1s^{-1}$；（c）应变速率为 $1s^{-1}$

由图 4-10 可知，在不同应变速率下，普通圆柱试件受到的压力最大，随着开槽宽度 w 的逐渐增加，SCS 压剪试件两端受到的压力逐渐减小，但开槽宽度 $w=0.50mm$ 时 SCS 压剪试件两端受到的压力略小于开槽宽度 $w=1.00mm$ 时受到的压力。分析如下：

（1）SCS 压剪试件中的剪切带部分承受模型两端压力和剪切力的复合作用，主要变形是剪切变形，剪切带部分的应力和应变为均匀分布的三维变化状态。

（2）相对于普通圆柱试件，SCS 压剪试件由于剪切带的存在，使得在剪切带中，受到的压力大大减小，剪切力产生并随着开槽宽度 w 尺寸的增加而增大，从而能够补偿减小的压力；当开槽宽度 $w=0.50mm$ 和 $w=1.00mm$ 时，通过剪切带中压力和剪切的综合作用，使得后者受到的合力略大于前者。

根据式（4-9）和式（4-10）将 P-d（压力-位移）关系进行转化（D 为试件直径），得到 SCS 压剪试件的应力和应变数据，将 SCS 压剪试件的应力-应变关系和普通圆柱试件的应力-应变关系进行对比，结果如图 4-11 所示。

$$\sigma_{eq} = k_1 (1 - k_2 \varepsilon_{eq}) \frac{p}{Dt} \tag{4-9}$$

$$\varepsilon_{eq} = k_3 \frac{d}{h} = k_3 \frac{d}{\sqrt{2}w} \tag{4-10}$$

图 4-11 是普通圆柱试件和 SCS 压剪试件应力应变对比图。由图 4-11 可知：（1）在一定的应变速率下，随着金属应变程度的增加，应力逐渐增加，当变形程度达到一定值，应力的增大趋势减缓，在于金属变形材料内部的动态回复作用；（2）在其他工艺条件不变（变形温度和变形速率）的前提下，随着金属应变程度的增加，开槽宽度 w 尺寸越大，SCS 压剪试件的应力越小；（3）当试件开槽之后，相对于普通圆柱试件，SCS 压剪试件能够达到更大的应变；（4）变形速率对变形抗力的影响是显著的，在其他工艺条件不变（变形温度和应变程度）的前提下，变形抗力随着应变速率的升高而升高。

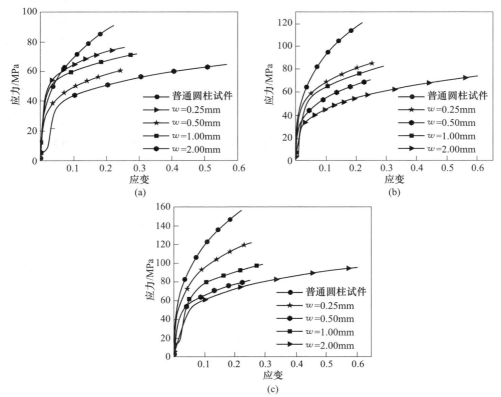

图 4-11 普通圆柱试件和 SCS 压剪试件应力-应变对比图
（a）应变速率为 $0.01s^{-1}$；（b）应变速率为 $0.1s^{-1}$；（c）应变速率为 $1s^{-1}$

通过分析试验研究，可得筒节材料 2.25Cr1Mo0.25V 的变形抗力模型

$$\sigma = \sigma_0 K_T K_\varepsilon K_{\dot\varepsilon} \tag{4-11}$$

$$K_\varepsilon = \varepsilon^B \tag{4-12}$$

$$K_{\dot\varepsilon} = \dot\varepsilon^C \tag{4-13}$$

式中，σ_0 为一定变形工艺条件下的应力；K_T 为变形温度影响相关的系数；K_ε 为反映变形程度影响相关的系数；$K_{\dot\varepsilon}$ 为反映变形速率影响相关的系数；B、C 为与金属材料相关的回归系数。

我们主要研究剪切变形对金属变形抗力的影响，因此将温度对变形抗力影响系数设为 1，同时利用 Marquardt 法，对 2.25Cr1Mo0.25V 金属变形抗力曲线进行回归，得到其变形抗力数学模型如表 4-2 所示。

表 4-2　筒节材料 2.25Cr1Mo0.25V 合金钢的变形抗力数学模型

开槽宽度/mm	应变速率	σ_0	B	C
普通圆柱试件	0.01	385.7645	0.3347	0.2046
	0.1	320.7101	0.3507	0.1934
	1	270.7123	0.3607	0.1534
$w = 0.25$	0.01	168.2894	0.1722	0.1213
	0.1	160.7065	0.2342	0.1375
	1	175.5352	0.2662	0.3512
$w = 0.50$	0.01	114.2105	0.2301	0.0678
	0.1	130.9664	0.2795	0.1023
	1	110.0983	0.2281	0.1534
$w = 1.00$	0.01	215.3026	0.1617	0.1963
	0.1	218.1409	0.2411	0.2954
	1	128.4462	0.2164	0.3132
$w = 2.00$	0.01	135.3973	0.2251	0.1344
	0.1	108.3976	0.2684	0.1102
	1	108.7377	0.2485	0.0982

4.2　筒节材料热变形阶段组织演变模型

金属材料在高温轧制变形区内会发生动态软化、微观组织结构改变及晶粒尺寸改变等一系列变化。作为重要的物理冶金过程，动态再结晶对材料内部组织细化及提高产品最终机械性能都有明显的作用。以 2.25Cr1Mo0.25V 合金钢为研究对象，以不考虑剪切应变的筒节材料组织演变模型为例，研究动态再结晶动力学模型及晶粒尺寸数学模型，考虑剪切应变的筒节材料组织演变模型研究过程与之

类似，为筒节热轧过程组织演变奠定模型基础。

4.2.1 动态再结晶动力学模型研究

试验方案如图 4-12 所示，将试样以 10℃/s 的速度加热到 1200℃，保温 30min 使试件内部奥氏体均匀化，之后以 5℃/s 的冷却速度将变形温度降至 1000～1150℃，保温 2min 以确保试件内外温度均匀一致，最后进行压缩（1200℃时保温 30min 后直接进行压缩），变形量为 50%（真应变 0.7），变形速率分别为 $0.001s^{-1}$、$0.01s^{-1}$、$0.1s^{-1}$、$1s^{-1}$、$10s^{-1}$，变形结束后直接淬火，观察其晶相组织。

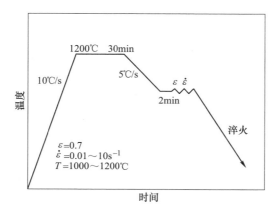

图 4-12　试验方案

图 4-13 所示为试验钢在不同变形条件下的真应变-真应力曲线。由图可知，变形条件 $\dot{\varepsilon}=0.001s^{-1}$、$1000℃\leqslant T\leqslant1200℃$（图 4-13（a））、$\dot{\varepsilon}=0.01s^{-1}$、$1100℃\leqslant T\leqslant1200℃$（图 4-13（b））及 $\dot{\varepsilon}=0.1s^{-1}$、$1150℃\leqslant T\leqslant1200℃$（图 4-13（c））时，真应力-真应变曲线表现为动态再结晶型；当变形条件 $\dot{\varepsilon}=0.1s^{-1}$、$1000℃\leqslant T\leqslant1150℃$（图 4-13（c））、$\dot{\varepsilon}=1s^{-1}$，$10s^{-1}$、$1000℃\leqslant T\leqslant1200℃$（图 4-13（d）、（e））时，真应力-真应变曲线表现为动态回复型。

在同一应变速率条件下，对应于同一应变值，随着变形温度的升高，应力峰值逐渐减小（图 4-13（a）），这是由于变形温度越高，位错进行交滑移及攀移和空位原子扩散的驱动力越大，有利于易于发生动态再结晶；随着变形温度的下降，加工硬化率逐渐增高，不利于回复和再结晶软化的进行。变形温度对动态再结晶发生的临界变形量的影响反映在真应力-真应变图上可描述为：温度越低，峰值应变越大，动态再结晶越难进行。

变形速率是影响动态再结晶的另一个重要因素。在同一变形温度下，当应变值一定时，随着应变速率的增大，应力峰值不断增大，如图 4-13（a）中 T 为

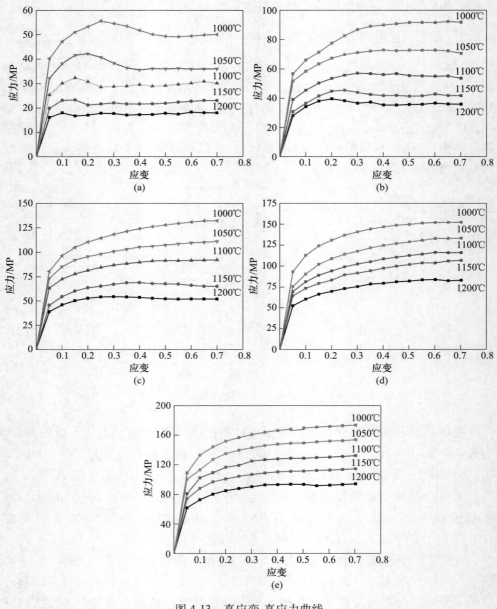

图 4-13 真应变-真应力曲线

(a) $\dot{\varepsilon} = 0.001s^{-1}$; (b) $\dot{\varepsilon} = 0.01s^{-1}$; (c) $\dot{\varepsilon} = 0.1s^{-1}$; (d) $\dot{\varepsilon} = 1s^{-1}$; (e) $\dot{\varepsilon} = 10s^{-1}$

1150℃, 1200℃ 两条曲线峰值应变至图 4-13 (b) 中 T 为 1150℃, 1200℃ 两条曲线峰值应变的变化。这说明随着应变速率的增大不利于奥氏体发生动态再结晶。这是因为应变速率的增大使位错产生运动的数目增加, 单位应变变形时间缩短,动态软化进行得不充分，因此峰值应力和峰值应变均将增大；应变速率较低时，材料有更多的时间完成再结晶形核长大，且材料中的储存能较高，从而有利于材料在热变形过程中发生动态再结晶。

综上所述，变形温度、变形速率和变形量等工艺参数对热变形奥氏体的动态再结晶行为都有明显的影响，当变形温度越高，变形速率越低时，越易发生动态再结晶。

4.2.2　动态再结晶激活能及 Z 参数的确定

Sellars 和 Tegart 提出：在高温塑性变形条件下，流变应力、应变温度和应变速率之间的关系可用包含动态再结晶激活能 Q_d 和变形温度 T 的双曲正弦函数表示：

$$\dot{\varepsilon} = A f(\sigma_p) \exp[-Q_d / (RT)] \tag{4-14}$$

式中，$f(\sigma_p)$ 为应力函数，有以下三种形式：

$$f(\sigma_p) = \sigma_p^{n_1} \tag{4-15}$$

$$f(\sigma_p) = \exp(\beta\sigma_p) \tag{4-16}$$

$$f(\sigma_p) = [\sin(\alpha\sigma_p)]^n \tag{4-17}$$

式中，n、n_1、β 和 A 为与材料有关的系数；α 为应力水平常数 $\alpha = \beta/n_1$；R 为气体常数，$R = 8.314 \text{J/mol}$；σ_p 为峰值应力。

式（4-15）与式（4-16）适用于低应力状态和高应力状态，式（4-17）适合所有应力。

在低应力和高应力水平下，将式（4-15）和式（4-16）分别代入式（4-14），当 σ_p 与 T 无关时，可得到：

$$\dot{\varepsilon} = B\sigma_p^{n_1} \tag{4-18}$$

$$\dot{\varepsilon} = B'\exp(\beta\sigma_p) \tag{4-19}$$

分别对式（4-18）、式（4-19）两边取自然对数，得：

$$\ln\dot{\varepsilon} = n_1\ln\sigma_p + \ln B \tag{4-20}$$

$$\ln\dot{\varepsilon} = \beta\sigma_p + \ln B' \tag{4-21}$$

分别绘出 $\ln\dot{\varepsilon}$-$\ln\sigma_p$ 和 $\ln\dot{\varepsilon}$-σ_p 曲线，如图 4-14 所示。采用最小二乘法进行回归，可得到 n_1、β 的值。考虑到变形温度对变形抗力的影响，在低应力水平下，n_1 取图 4-14（a）中 $T = 1100 \sim 1200\,^\circ\!C$ 三条直线斜率的平均值，得 $n_1 = 5.302476$；在高应力水平下，β 取图 4-14（b）中 $T = 1000 \sim 1200\,^\circ\!C$ 三条直线斜率的平均值，得 $\beta = 0.080014$，从而得 $\alpha = \beta/n_1 = 0.01509$。

根据 C. Zener 和 H. Hollomon 的研究，应变速率与温度之间的关系可用 Z 参数表示

$$Z = \dot{\varepsilon}\exp[Q_d/(RT)] = A[\sinh(\alpha\sigma_p)]^n \tag{4-22}$$

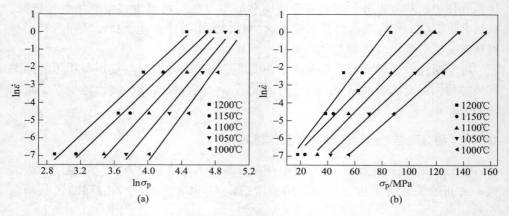

图 4-14　应变速率与峰值应变之间的关系

对式（4-22）两边取自然对数，得：

$$\ln\dot{\varepsilon} = n\ln[\sinh(\alpha\sigma_p)] + \ln A - Q_d/RT \qquad (4\text{-}23)$$

当变形温度一定时，两边对 $\ln\dot{\varepsilon}$ 求偏导得出：

$$n = \frac{\partial\ln\dot{\varepsilon}}{\partial\ln[\sinh(\alpha\sigma_p)]}\bigg|_T \qquad (4\text{-}24)$$

由图 4-15 可以看出 $\ln\dot{\varepsilon}$ 与 $\ln[\sinh(\alpha\sigma_p)]$ 之间存在线性关系，回归得出 $n = 3.876632$。

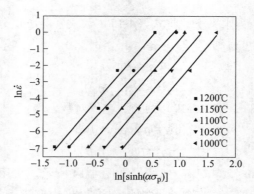

图 4-15　$\ln\dot{\varepsilon}$ 与 $\ln[\sinh(\alpha\sigma_p)]$ 之间的关系

同理，当应变速率一定时，式（4-23）两边对 $1/T$ 求偏导，得：

$$Q_d = Rn\frac{\partial\ln[\sinh(\alpha\sigma_p)]}{\partial(1/T)}\bigg|_{\dot{\varepsilon}} \qquad (4\text{-}25)$$

由图 4-16 可以看出 $1/T$ 与 $\ln[\sinh(\alpha\sigma_p)]$ 之间存在线性关系，回归得出 $Q_d = 228.3\text{kJ/mol}$。然后通过等式（4-22）可得到 Z 参数，$Z = \dot{\varepsilon}\exp[228300/(RT)]$。

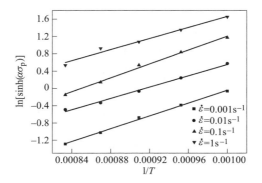

图 4-16 $1/T$ 与 $\ln[\sinh(\alpha\sigma_p)]$ 之间的关系

4.2.3 峰值应变模型

金属材料在一定的条件下，ε_p（峰值应变）取决于变形温度 T 和应变速率 $\dot{\varepsilon}$，可用以下式子表示：

$$\varepsilon_p = A_1 Z^m \tag{4-26}$$

式中 A_1、m——与材料有关的系数。

对上式两边取自然对数，得：

$$\ln\varepsilon_p = \ln A_1 + m\ln Z \tag{4-27}$$

$\ln\varepsilon_p$ 与 $\ln Z$ 之间存在线性关系，回归得出 $m = 0.21993$，$A_1 = 3.263 \times 10^{-3}$。

由此得到，峰值应变模型为：

$$\varepsilon_p = 3.263 \times 10^{-3} Z^{0.21993} \tag{4-28}$$

4.2.4 临界应变模型

根据试验钢的真应力-真应变曲线数据拟合多项式 $\sigma = f(\varepsilon)$，进一步得到加工硬化率函数 $\theta = f'(\varepsilon)$，最后求出 $-\partial^2\ln\theta/\partial^2\varepsilon = 0$ 所对应的应变，即为临界再结晶应变。

以 $T = 1100\,^\circ\text{C}$、$\dot{\varepsilon} = 0.001\text{s}^{-1}$ 为例，说明动态再结晶临界应变的确定过程。首先根据实验数据拟合 $T = 1100\,^\circ\text{C}$、$\dot{\varepsilon} = 0.001\text{s}^{-1}$ 变形条件下应力应变曲线多项式：

$$\begin{aligned}\sigma = &-1.3821 \times 10^7\varepsilon^{10} + 5.0317 \times 10^7\varepsilon^9 - 7.8476 \times 10^7\varepsilon^8 + 6.8455 \times 10^7\varepsilon^7 - \\ &3.6584 \times 10^7\varepsilon^6 + 1.2349 \times 10^7\varepsilon^5 - 2.6262 \times 10^6\varepsilon^4 + 3.4382 \times 10^5\varepsilon^3 - \\ &2.6987 \times 10^4\varepsilon^2 + 1.2591 \times 10^3\varepsilon + 0.0028\end{aligned} \tag{4-29}$$

式中，σ 为真应力；ε 为真应变。

对式（4-29）求一阶导，即可得到加工硬化率-应变关系，即：

$$\theta = -1.2821 \times 10^8\varepsilon^9 + 4.5285 \times 10^8\varepsilon^8 - 6.2781 \times 10^8\varepsilon^7 + 4.7919 \times 10^8\varepsilon^6 -$$

$2.\ 1951 \times 10^8 \varepsilon^5 + 6.\ 1744 \times 10^7 \varepsilon^4 - 1.\ 0505 \times 10^7 \varepsilon^3 + 1.\ 0315 \times 10^6 \varepsilon^2 -$

$5.\ 3974 \times 10^4 \varepsilon + 1.\ 2591 \times 10^3$ 　　　　　　　　　　　　　　　　　（4-30）

式中，θ 为加工硬化率。由式（4-30）可得到加工硬化率与应变的一一对应关系，进一步可得到 $\ln\theta$ 与应变 ε 的一一对应关系，于是可将 $\ln\theta$-ε 拟合成三次多项式：

$$\ln\theta = -1.\ 2476 \times 10^4 \varepsilon^3 + 3.\ 3328 \times 10^3 \varepsilon^2 - 298.\ 12\varepsilon + 13.\ 3078 \quad （4-31）$$

如果将由式（4-30）得到的 $\ln\theta$ 的值称为初始值，由式（4-31）求得的 $\ln\theta$ 值称为拟合值，则拟合值与初始值的数据对比如图 4-17 所示。

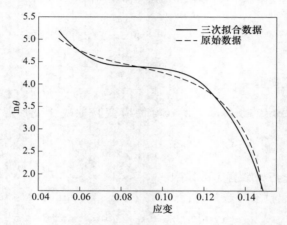

图 4-17　加工硬化率三次拟合曲线与原始数据对比

由图 4-17 可知，加工硬化率三次拟合曲线与原始数据吻合良好，相对误差在 3.5% 以内。图 4-17 中三次拟合曲线有明显的拐点特征，根据前面的分析，该曲线上的拐点所对应的应变即为临界应变。为此，将式（4-31）对 ε 求一阶导数，得：

$$-\partial\ln\theta / \partial\varepsilon = 3.\ 7429 \times 10^4 \varepsilon^2 - 6.\ 6656 \times 10^3 \varepsilon + 298.\ 1196 \quad （4-32）$$

求出抛物线的最低点所对应的应变，得 $\varepsilon_c = 0.\ 089$，即为临界应变。

利用上述计算临界应变的方法，其他变形条件下的临界应变也可以求出，其 $\ln\theta$-ε 曲线及 $-\partial\ln\theta / \partial\varepsilon$-$\varepsilon$ 曲线分别如图 4-18 和图 4-19 所示（倒三角对应临界应变）。由图可知，当变形速率一定时（图 4-18(a) 和图 4-19(a)），随着变形温度的减小，临界应变逐渐增大；当变形温度一定时（图 4-18(b) 和图 4-19(b)），随着变形速率的增加，临界应变也逐渐增大。表明随着温度的降低以及变形速率的增加，临界应变逐渐增加，动态再结晶越不容易发生。这与前面由应力应变曲线分析得到的结论相吻合，说明了计算结果的合理性。

以上分析表明要准确建立临界应变数学模型，必须同时考虑变形温度和变形

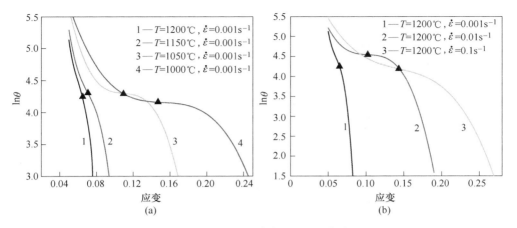

图 4-18　不同变形条件下 lnθ-ε 曲线

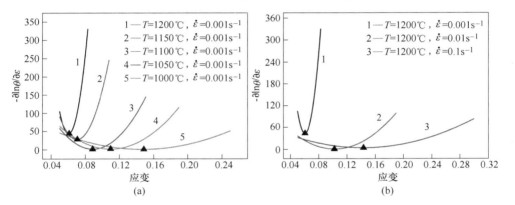

图 4-19　不同变形条件下 -∂lnθ/∂ε-ε 曲线

速率的影响。为此，引入温度补偿应变速率因子，即 Zener-Hollomon 参数：

$$Z = \dot{\varepsilon} \exp\left[Q_{\mathrm{d}}/(RT) \right] \tag{4-33}$$

式中，Q_{d} 为动态再结晶激活能，$Q_{\mathrm{d}} = 228.3 \mathrm{kJ/mol}$；$R$ 为气体常数，$R = 8.314 \mathrm{J/mol}$。

临界应变模型采取 Sellar 模型结构：

$$\varepsilon_{\mathrm{c}} = A Z^{m} \tag{4-34}$$

式中，ε_{c} 为临界应变；A、m 为与材料有关的系数。

对式（4-34）两边取自然对数，得：

$$\ln \varepsilon_{\mathrm{c}} = \ln A + \ln Z \tag{4-35}$$

$\ln \varepsilon_{\mathrm{c}}$ 与 $\ln Z$ 之间存在线性关系，回归得出 $m = 0.21618$，$A = 0.001716$。

由此得到，临界应变模型为：

$$\varepsilon_{\mathrm{c}} = 0.001716 Z^{0.21618} \tag{4-36}$$

4.2.5　动态再结晶动力学模型

JMAK 动力学理论认为，动态再结晶的体积分数 X_d 与应变 ε 之间的关系为：

$$X_d = 1 - \exp\left\{ -\beta_d \left[(\varepsilon - \varepsilon_c)/\varepsilon_p \right]^{k_d} \right\} \tag{4-37}$$

式中，β_d、K_d 为回归系数。

按下式计算动态再结晶体积分数：

$$X_d = (\sigma_s - \sigma)/(\sigma_s - \sigma_{ss}) \quad (\varepsilon_c < \varepsilon < \varepsilon_{ss}) \tag{4-38}$$

式中，σ_{ss} 为稳态应力；σ、σ_s 分别为动态再结晶型和动态回复型曲线上应变 ε 和稳态应变 ε_{ss} 所对应的应力，可将 σ_s 近似等于峰值应力 σ_p，如图 4-20 所示。

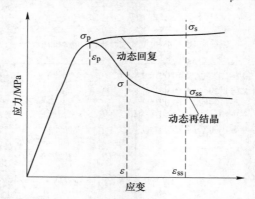

图 4-20　动态再结晶体积分数测量方法

由式（4-37）推导可得：

$$\ln[-\ln(1 - X_d)] = k_d \ln[(\varepsilon - \varepsilon_c)/\varepsilon_p] + \ln\beta_d \tag{4-39}$$

说明 $\ln[-\ln(1-X_d)]$ 与 $\ln[(\varepsilon-\varepsilon_c)/\varepsilon_p]$ 之间存在线性关系，如图 4-21 所示，回归处理得 $K_d = 5.04297$、$\beta_d = 2.51366$。

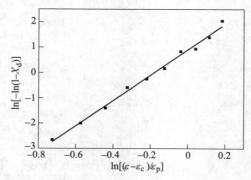

图 4-21　$\ln[-\ln(1-X_d)]$ 与 $\ln[(\varepsilon-\varepsilon_c)/\varepsilon_p]$ 关系

由此得到，动态再结晶动力学模型应变模型为：

$$X_d = 1 - \exp\left[-2.51366\left(\frac{\varepsilon - \varepsilon_c}{\varepsilon_p}\right)^{5.04297}\right] \tag{4-40}$$

$$\varepsilon_p = 3.263 \times 10^{-3} Z^{0.21993} \tag{4-41}$$

$$\varepsilon_c = 0.001716 Z^{0.21618} \tag{4-42}$$

模型的验证，如图4-22所示，在不同的变形条件下，试验钢的动态再结晶体积分数的实际值与计算值吻合较好，计算值与实测值相对误差在9%以内，证明该模型具有较高的精确度，可为加氢反应器筒节热轧轧制工艺提供理论依据，为深入研究加氢反应器筒节热轧过程中组织转变的奠定了基础。

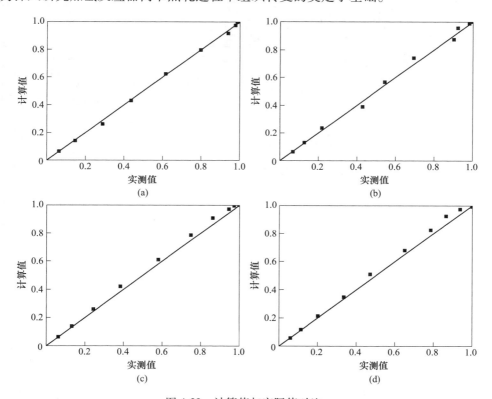

图 4-22　计算值与实际值对比

(a) $T = 1100\,℃$，$\dot{\varepsilon} = 0.001\mathrm{s}^{-1}$；(b) $T = 1050\,℃$，$\dot{\varepsilon} = 0.001\mathrm{s}^{-1}$；
(c) $T = 1200\,℃$，$\dot{\varepsilon} = 0.01\mathrm{s}^{-1}$；(d) $T = 1200\,℃$，$\dot{\varepsilon} = 0.1\mathrm{s}^{-1}$

4.2.6　动态再结晶晶粒尺寸模型

淬火处理后的试件沿轴向切开并镶嵌，经砂纸打磨及抛光机抛光后，浸入

55℃恒温腐蚀液中 1~2min，腐蚀液由 100mL 过饱和苦味酸（容器底部有少量未溶解的苦味酸颗粒）和 2mL 立白洗洁精组成。腐蚀后用酒精擦拭试件表面并用吹风机风干，最后在 JVC XJP-6A 型电子显微镜观察奥氏体组织。

图 4-23 所示为不同变形工艺条件下奥氏体再结晶晶粒尺寸，表 4-3 为晶粒尺寸实测数据。由试验结果可知，应变速率越高或变形温度越小，动态再结晶晶粒尺寸越小。

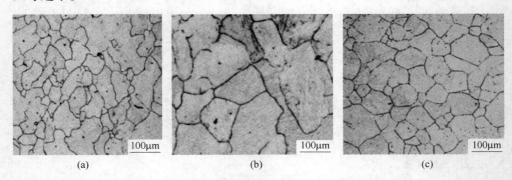

图 4-23　不同变形条件下的动态再结晶晶粒尺寸

(a) 1100℃，0.001s^{-1}；(b) 1200℃，0.001s^{-1}；(c) 1200℃，0.01s^{-1}

表 4-3　试验测得动态再结晶晶粒尺寸

变形温度 $T/℃$	应变速率 $\dot{\varepsilon}/s^{-1}$	动态再结晶晶粒尺寸 $d_d/\mu m$
1150	0.01	34
1200	0.01	50
1000	0.001	17
1050	0.001	35
1100	0.001	51
1150	0.001	91
1200	0.001	111

研究表明，当金属化学成分时，动态再结晶晶粒尺寸 d_d 是变形温度 T 和应变速度 $\dot{\varepsilon}$ 的函数，如下式所示

$$d_d = G_d Z^{m_d} \tag{4-43}$$

式中　G_d、m_d——与材料有关的系数。

上式两边取自然对数得

$$\ln d_d = \ln G_d + m_d \ln Z \tag{4-44}$$

如图 4-24 所示，$\ln d_d$ 与 $\ln Z$ 之间存在线性关系，回归得出 $m_d = -0.40917$，$G_d = 8.5391 \times 10^4$。

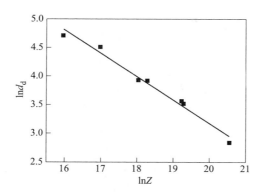

图 4-24　$\ln d_d$ 与 $\ln Z$ 之间的关系

由此得到亚动态再结晶动力学模型：

$$d_d = 8.5391 \times 10^4 Z^{-0.40917} \tag{4-45}$$

如图 4-25 所示，动态再结晶晶粒尺寸模型计算值与实测值吻合较好，相对误差在 12%以内，满足工业需要。

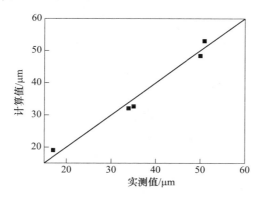

图 4-25　实验数据与计算数据对比

4.3　筒节材料变形间隙阶段组织演变

热变形结束进入变形间隙阶段，材料会发生静态软化（亚态再结晶和静态再结晶）和微观组织结构变化及晶粒长大等行为，这一阶段的组织演变对材料内部晶粒细化及材料的性能会产生重要影响。以 2.25Cr1Mo0.25V 合金钢为研究对象，以不考虑剪切应变的筒节材料组织演变模型为例，研究静态软化过程再结晶动力学模型及晶粒尺寸数学模型，考虑剪切应变的筒节材料组织演变模型研究过程与之类似，为筒节热轧变形间隙阶段组织演变奠定模型基础。

4.3.1 静态再结晶动力学模型

4.3.1.1 试验方案

将试样以 10℃/s 的速度加热到 1200℃，保温 5min 使试件内部奥氏体均匀化，之后以 5℃/s 的冷却速度冷却到变形温度（分别为 1000℃、1050℃、1100℃），保温 2min 以保证试件内外温度均匀一致，之后进行第一次压缩，真应变分别为 0.15、0.2 和 0.25，变形速率为 1s^{-1}，间隔一定时间 t（分别为 0.5s、1s、5s、20s、50s、100s、150s）后进行第二次压缩，真应变分别为 0.15、0.2 和 0.25，变形速率为 1s^{-1}。得出双道次热压缩真应力-真应变曲线，从而建立静态再结晶动力学模型，静态再结晶试验工艺如图 4-26 所示。

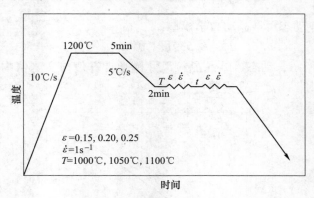

图 4-26　静态再结晶试验方案

4.3.1.2 结果及讨论

试验结果如图 4-27 所示，在第一道次热变形中，最大应变没有超过试验钢的临界应变，流变应力曲线表现为动态回复型曲线，说明材料在变形过程中发生了未动态再结晶，因此在道次间隔时间内的静态软化过程为静态再结晶过程。道次间歇时间是影响静态再结晶的重要因素。在其他变形条件不变的情况下，随着道次间隙时间的增大，第二道次屈服应力逐渐减小，静态软化程度逐渐增大，如图 4-27（d）所示，道次间隙时间 0.5s、1s、5s、20s、50s 对应的软化体积分数分别为 17%、28%、54%、77%、95%。这是由于道次间隙时间的增大，使得材料内部位错密度不断减小，残余应变也不断减小，软化程度不断增加。

变形程度是影响静态再结晶的另一重要因素。在其他变形条件不变的情况下，随着变形程度的增加，静态再结晶软化体积分数逐渐增大，如图 4-27（b）~（d）所示，在 $T=1050℃$，$\dot{\varepsilon}=1s^{-1}$，道次间隙时间为 20s 工艺条件下，变

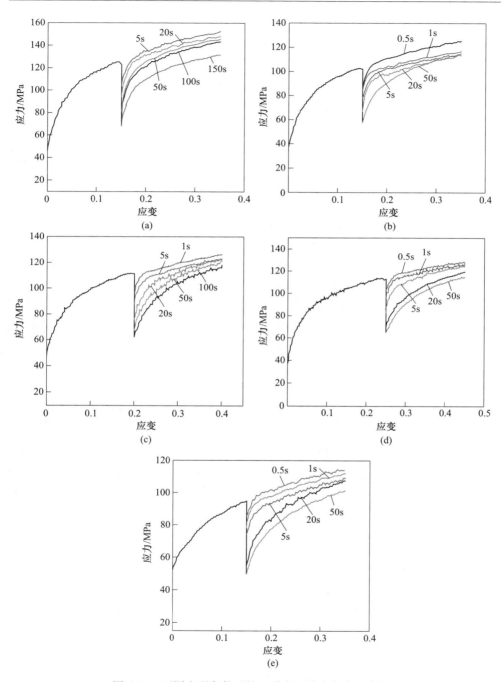

图 4-27　不同变形条件下的双道次压缩流变应力曲线

（a）$T=1000℃$，$\varepsilon=0.15$；（b）$T=1050℃$，$\varepsilon=0.15$；（c）$T=1050℃$，$\varepsilon=0.2$；
（d）$T=1050℃$，$\varepsilon=0.25$；（e）$T=1100℃$，$\varepsilon=0.15$

形程度 $\varepsilon = 0.15$，0.2，0.25 所对应的静态再结晶软化体积分数分别为 55%、67%、77%。这是因为变形程度的增大会使材料内部位错密度增加，从而使得变形储能增加，最终导致再结晶的驱动力增加，使得再结晶过程加快。

变形温度是影响静态再结晶的又一重要因素。在其他变形条件不变的情况下，随着变形温度的增加，静态再结晶软化体积分数逐渐增大，如图 4-27（a）、（b）和（e）所示，在 $\varepsilon = 0.15$，$\dot{\varepsilon} = 1s^{-1}$，道次间隙时间为 20s 工艺条件下，变形温度 T 为 1000℃、1050℃、1100℃ 所对应的静态再结晶软化体积分数分别为 40%、55%、68%。这主要是因为随着温度升高，再结晶形核率和长大速率均按照 Arrhennius 方程增加，使再结晶过程大大加快，再结晶软化也就越充分。

图 4-28 为实验钢在不同温度、不同应变量条件下变形后静态再结晶完成时光学显微组织。图 4-28（a）、（b）显示了变形温度对亚动态再结晶晶粒尺寸的影响，在 $\dot{\varepsilon} = 1$，$\varepsilon = 0.15$ 条件下，变形温度分别为 T 为 1000℃，1050℃ 时晶粒尺寸分别为 65μm，89μm，其晶粒尺寸随着变形温度的升高而逐渐增大。这是因为再结晶形核是一个热激活过程，随着变形温度升高，再结晶的形核速率和长大速率逐渐增大，从而促进再结晶的发生及晶粒的长大。图 4-28（b）、（c）显示了应变量对静态再结晶晶粒尺寸的影响，测得图 4-28（c）所示晶粒尺寸为 55μm。两图对比可知，静态再结晶晶粒尺寸随着应变量的增加而减小。这是由于应变量的提高增加了材料的变形储存能，增加了奥氏体中再结晶形核数量。

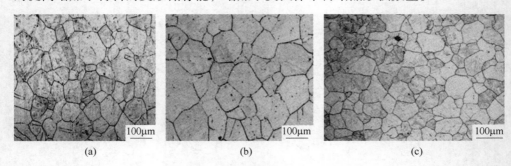

(a)   (b)   (c)

图 4-28 不同变形条件下微观组织

（a）$T=1000℃$，$\dot{\varepsilon} = 1s^{-1}$，$\varepsilon = 0.15$；（b）$T=1050℃$，$\dot{\varepsilon} = 1s^{-1}$，$\varepsilon = 0.15$；（c）$T=1050℃$，$\dot{\varepsilon} = 1s^{-1}$，$\varepsilon = 0.25$

4.3.1.3 静态再结晶模型的建立

采用 0.2% 应力补偿法测量静态再结晶体积分数，如下式所示：

$$X_s = (\sigma_m - \sigma_2)/(\sigma_m - \sigma_1) \tag{4-46}$$

式中，σ_m 为第一道次结束时的应力值；σ_1 为第一道次变形时的屈服应力；σ_2 为第二道次变形时的屈服应力，如图 4-29 所示。

我们采用 Avrami 关系式来描述静态再结晶的体积分数 X_s 与间隔时间 t 的函

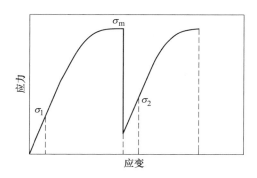

图 4-29　静态再结晶体积分数测量方法示意图

数关系，即

$$X_s = 1 - \exp\left[- 0.693 (t/t_{0.5}^s)^{k_s} \right] \tag{4-47}$$

式中，k_s 为与材料有关的常数；$t_{0.5}^s$ 为静态再结晶 50% 所需要的时间。

大量研究表明，$t_{0.5}^s$ 主要受材料的化学成分和变形条件等因素的影响，可用下式表达

$$t_{0.5}^s = A_s d_0^{h_s} \varepsilon^{n_s} \exp\frac{Q_s}{RT} \tag{4-48}$$

式中，A_s、h_s、n_s 为与材料有关的常数，当奥氏体初始晶粒较大时取 $n_s = 1$；Q_s 为静态再结晶激活能；d_0 为初始奥氏体晶粒尺寸，经金相测量约为 129μm，如图 4-30 所示。

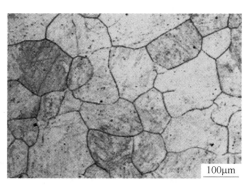

图 4-30　初始奥氏体晶粒尺寸

为确定 $t_{0.5}^s$，对式（4-48）两边取自然对数得

$$\ln t_{0.5}^s = \ln A_s + h_s \ln d_0 + n_s \ln \varepsilon + \frac{Q_s}{RT} \tag{4-49}$$

$\ln t_{0.5}^s$ 与 $1/T$ 存在线性关系，采用最小二乘法进行回归，则可求出静态再结晶

激活能 $Q_s = 114.5\mathrm{kJ/mol}$。

当变形温度一定时，对式（4-49）两边对 $\ln\varepsilon$ 求偏导得出

$$n_s = \left.\frac{\ln t_{0.5}^s}{\ln\varepsilon}\right|_T \tag{4-50}$$

$\ln t_{0.5}^s$ 与 $\ln\varepsilon$ 之间存在线性关系，采用最小二乘法进行回归，得 $n_s = -2.4856$。

为确定 k_s，对式（4-47）两边取两次自然对数，并对 $\ln(t/t_{0.5}^s)$ 求偏导得

$$k_s = \frac{\partial\ln\{\ln[1/(1-X_s)]\}}{\partial\ln(t/t_{0.5}^s)} \tag{4-51}$$

如图 4-31 所示，$\ln\{\ln[1/(1-X_s)]\}$ 与 $\ln(t/t_{0.5}^s)$ 之间存在线性关系，回归得出 $k_s = 0.548158$。

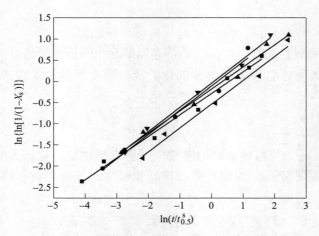

图 4-31　$\ln\{\ln[1/(1-X_s)]\}$ 与 $\ln(t/t_{0.5}^s)$ 之间的关系

由此得到亚动态再结晶动力学模型：

$$X_s = 1 - \exp\left[-0.693\left(\frac{t}{t_{0.5}^s}\right)^{0.548158}\right] \tag{4-52}$$

$$t_{0.5}^s = 2.22 \times 10^{-9} d_0\varepsilon^{-2.48566}\exp\frac{114500}{RT} \tag{4-53}$$

如图 4-32 所示，不同变形条件下，试验钢静态再结晶体积分数实测值与测量值吻合较好，相对误差基本控制在 11.5% 以内，说明该模型具有较高精度。

4.3.2　静态再结晶晶粒尺寸模型

4.3.2.1　试验方案

将试样以 10℃/s 的速度加热到 1200℃，保温 5min 使试件内部奥氏体均匀

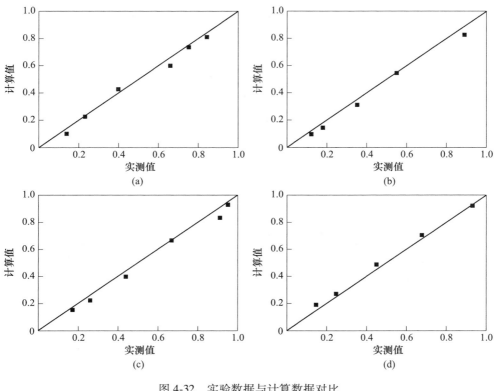

图 4-32 实验数据与计算数据对比
（a）$T=1000℃$，$\varepsilon=0.15$；（b）$T=1050℃$，$\varepsilon=0.15$；
（c）$T=1050℃$，$\varepsilon=0.2$；（d）$T=1050℃$，$\varepsilon=0.25$

化，之后以 5℃/s 的冷却速度冷却到变形温度（分别为 1000℃、1050℃ 和 1100℃），保温 2min 以保证试件内外温度均匀一致，之后进行热压缩，变形量保证小于临界应变 ε_c（确保第一道次未发生动态再结晶），保证道次间隙时间内奥氏体仅发生静态再结晶，变形速率为 $1s^{-1}$，变形量分别为 0.15、0.2、0.25，保温一定时间 t（t 为静态再结晶 95% 所需要的时间 $t_{0.95}^s$）后淬火以保留热变形奥氏体保温的组织状态。观察其金相组织，利用电子显微镜测量亚动态再结晶晶粒尺寸。亚动态再结晶晶粒尺寸实验工艺如图 4-33 所示。

4.3.2.2 结果及讨论

图 4-33 所示为不同变形工艺条件下奥氏体静态再结晶晶粒尺寸，表 4-4 为晶粒尺寸实测数据。由试验结果可知，应变量越小或变形温度越小，亚动态再结晶晶粒尺寸越小。

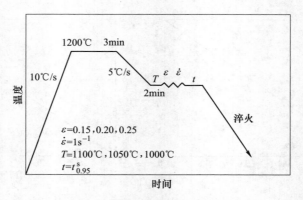

图 4-33　静态再结晶晶粒尺寸试验工艺

表 4-4　试验测得静态再结晶晶粒尺寸

变形温度 $T/℃$	应变 ε	静态再结晶晶粒尺寸 $d_s/\mu m$
1000	0.15	71
1050	0.15	80
1050	0.2	63
1050	0.25	53
1100	0.15	87

4.3.2.3　模型建立

静态再结晶晶粒尺寸 d_s 主要受材料的化学成分和变形条件等因素的影响，其表达式可由下式确定

$$d_s = G_s d_0^{h'_s} \varepsilon^{n'_s} \exp\left(-\frac{Q'_s}{RT}\right) \tag{4-54}$$

式中，G_s、h'_s、n'_s、Q'_s 为与材料有关的系数。

通过非线性回归，得到静态再结晶晶粒尺寸模型为

$$d_s = 1.12 d_0 \varepsilon^{-0.80719} \exp\left(-\frac{18623.36}{RT}\right) \tag{4-55}$$

如图 4-34 所示，静态再结晶晶粒尺寸模型计算值与实测值吻合较好，相对误差在 5% 以内。

4.3.3　亚动态再结晶动力学模型

4.3.3.1　试验方案

亚动态再结晶试验工艺如图 4-35 所示，将试样以 10℃/s 的速度加热到 1200℃，保温 5min 使试件内部奥氏体均匀化，之后以 5℃/s 的冷却速度冷却到

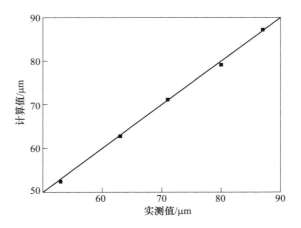

图 4-34 试验数据与计算数据对比

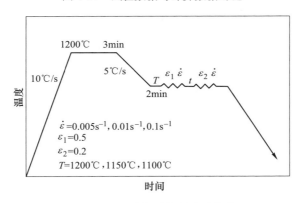

图 4-35 亚动态再结晶试验方案

变形温度（1200℃、1150℃和1100℃），保温2min以确保试件内外温度均匀一致，然后进行第一次压缩0.5，真应变大于等于稳态应变 ε_{ss}（确保第一道次发生完全动态再结晶），保证道次间隙时间内奥氏体仅发生亚动态再结晶，变形速率分别为 0.005s^{-1}、0.01s^{-1}、和 0.1s^{-1}，间隔一定时间 t（分别为 0.5s、1s、5s、20s、50s）后进行第二次压缩，真应变为 0.2，变形速率分别为 0.005s^{-1}、0.01s^{-1}、和 0.1s^{-1}。

4.3.3.2 结果及讨论

图4-36是不同变形条件下的双道次压缩流变应力曲线。从图4-36中可见，在第一道次热变形中，流变应力曲线表现为动态再结晶型曲线，并且流变应力已经达到稳态应力，说明材料在变形过程中发生了完全动态再结晶，因此在道次间隔时间内的静态软化过程为亚动态再结晶。道次间歇时间是影响亚动态再结晶的

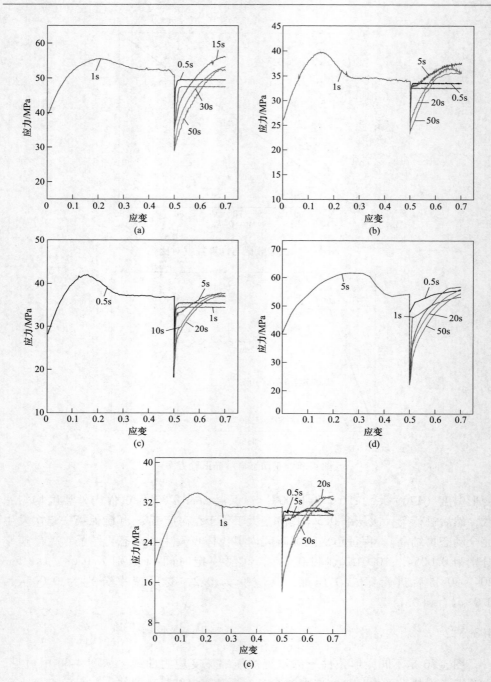

图 4-36　不同变形条件下的双道次压缩流变应力曲线

（a）$T=1100℃$；$\dot{\varepsilon}=0.01s^{-1}$；（b）$T=1150℃$；$\dot{\varepsilon}=0.005s^{-1}$；（c）$T=1150℃$；$\dot{\varepsilon}=0.01s^{-1}$；

（d）$T=1150℃$；$\dot{\varepsilon}=0.05s^{-1}$；（e）$T=1200℃$；$\dot{\varepsilon}=0.01s^{-1}$

重要因素。当道次间隔时间很短时，材料静态软化程度较小，如图 4-36
（a）、（d）和（e）中间隔时间为 0.5s 和 1s 时，第二道次的流变应力几乎没有经
历加工硬化阶段，直接达到稳定阶段。这是因为此时静态软化较小，材料的内部
位错密度低于动态再结晶的临界位错密度，所以动态再结晶的软化与第二道次热
压缩时产生的加工硬化相抵消，流变应力达到稳定。随着道次间隔时间的增加，
材料的静态软化程度越大，即亚动态再结晶体积分数越大，导致位错密度和残余
应变越小，因此第二道次热变形时屈服应力逐渐减小。

变形速率是影响亚动态再结晶的另一重要因素。当变形温度一定时，随着变
形速率的增加，亚动态再结晶软化率达到 50% 的时间（$t_{0.5}^s$）逐渐减小。如 $T=$
1150℃时，$\dot{\varepsilon}$ 为 $0.005s^{-1}$，$0.01s^{-1}$，$0.05s^{-1}$ 对应的 $t_{0.5}^s$ 分别为 5.5s，4.5s，2.2s。
这是因为增加应变速率可以大大提高变形储存能，从而增加亚动态再结晶的驱动
力，亚动态再结晶越容易发生。

变形温度是影响亚动态再结晶的又一重要因素。当变形速率一定时，随着变
形温度的增加，亚动态再结晶软化率达到 50% 的时间（$t_{0.5}^s$）逐渐减小。如 $\dot{\varepsilon}=$
$0.01s^{-1}$，T 为 1100℃，1150℃，1200℃时，对应的 $t_{0.5}^s$ 分别为 7s，4.5s，3s。相
同应变和应变速率条件下，温度越高，动态再结晶形核的几率越大，而且再结晶
晶界的迁移率也越高，变形结束后的亚动态再结晶晶核就越多，晶核的长大速度
越快，从而亚动态再结晶的分数就越大。

图 4-37 为实验钢在不同温度、不同应变速率下变形后亚动态再结晶完成时
光学显微组织。图 4-37（a）、（b）显示了变形温度对亚动态再结晶晶粒尺寸的
影响，在 $\dot{\varepsilon}=0.01s^{-1}$，$\varepsilon=0.5$ 条件下，变形温度 T 分别为 1100℃，1150℃时晶粒
尺寸分别为 71μm，100μm，其晶粒尺寸随着变形温度的升高而逐渐增大。这是
因为再结晶形核是一个热激活过程，温度升高，核心形成的概率以及再结晶晶界
迁移率都增加，从而促进再结晶晶粒的长大。图 4-37（b）和（c）显示了应变速
率对亚动态再结晶晶粒尺寸的影响，测得图 4-37（c）所示晶粒尺寸为 64μm。
两图对比可知，亚动态再结晶晶粒尺寸随着应变速率的增加而减小。这是由于应

(a)　　　　　　　　　　(b)　　　　　　　　　　(c)

图 4-37　不同变形条件下微观组织

(a) $T=1100℃$，$\dot{\varepsilon}=0.01s^{-1}$，$\varepsilon=0.5$；(b) $T=1150℃$，$\dot{\varepsilon}=0.01s^{-1}$，$\varepsilon=0.5$；

(c) $T=1150℃$，$\dot{\varepsilon}=0.1s^{-1}$，$\varepsilon=0.5$

变速率的提高增加了材料的变形储存能，导致变形组织中再结晶形核数量的增加。

4.3.2.3　亚动态再结晶模型

传统观测金相试样组织受人为因素的干扰较大，所以我们按下式确定亚动态再结晶体积分数：

$$X_{md} = (\sigma_m - \sigma_2)/(\sigma_m - \sigma_1) \tag{4-56}$$

式中，σ_m 第为第一道次结束时的应力值；σ_1 为第一道次变形时的屈服应力；σ_2 为第二道次变形时的屈服应力。

采用 Avrami 关系式来描述亚动态再结晶的体积分数 X_{md} 与间隔时间 t 的函数关系：

$$X_{md} = 1 - \exp\left[-0.693(t/t_{0.5}^s)^{k_{md}}\right] \tag{4-57}$$

式中，k_{md} 为与材料有关的常数；$t_{0.5}^s$ 为亚动态再结晶完成 50% 所需要的时间。

$t_{0.5}^s$ 主要受材料的化学成分和变形条件等因素的影响，可用下式表示：

$$t_{0.5}^s = A_{md} \dot{\varepsilon}^{n_{md}} \exp\frac{Q_{md}}{RT} \tag{4-58}$$

式中，A_{md}、n_{md} 为与材料有关的常数；Q_{md} 为亚动态再结晶激活能；R 为气体常数，$R = 8.314\text{J/mol}$。

对式（4-58）两边取自然对数得

$$\ln t_{0.5}^s = \ln A_{md} + n_{md}\ln\dot{\varepsilon} + \frac{Q_{md}}{RT} \tag{4-59}$$

当应变速率一定时，$\ln t_{0.5}^{md}$ 与 $1/T$ 存在线性关系。采用最小二乘法进行回归，则可求出亚态再结晶激活能 $Q_{md} = 92.98\text{kJ/mol}$。

当变形温度一定时，对式（4-59）两边对 $\ln\dot{\varepsilon}$ 求偏导得出

$$n_{md} = \frac{\ln t_{0.5}^s}{\ln\dot{\varepsilon}}\bigg|_T \tag{4-60}$$

$\ln t_{0.5}^s$ 与 $\ln\dot{\varepsilon}$ 之间存在线性关系，回归得 $n_{md} = -0.40617$，从而 $A = 4\times10^{-5}$。

为确定 k_{md}，对式（4-60）两边取两次自然对数，$\ln(t/t_{0.5}^s)$ 求偏导得：

$$k_{md} = \frac{\partial\ln\{\ln[1/(1-X_{md})]\}}{\partial\ln(t/t_{0.5}^s)} \tag{4-61}$$

$\ln\{\ln[1/(1-X_{md})]\}$ 与 $\ln(t/t_{0.5}^s)$ 之间存在线性关系，回归得出 $k_{md} = 0.58$。

由此得到亚动态再结晶动力学模型：

$$X_{md} = 1 - \exp\left[-0.693\left(\frac{t}{t_{0.5}^s}\right)^{0.58}\right] \tag{4-62}$$

$$t_{0.5}^{s} = 4 \times 10^{-5} \dot{\varepsilon}^{-0.40617} \exp \frac{92980}{RT} \tag{4-63}$$

如图 4-38 所示，不同变形条件下，试验钢亚动态再结晶体积分数实测值与计算值吻合较好，相对误差基本控制在 10% 以内，说明该模型具有较高精度。

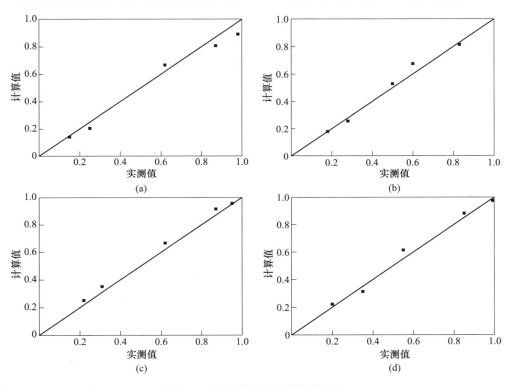

图 4-38　试验数据与计算数据对比

（a）$T = 1100\,^{\circ}\!C$，$\dot{\varepsilon} = 0.01\mathrm{s}^{-1}$；（b）$T = 1150\,^{\circ}\!C$，$\dot{\varepsilon} = 0.01\mathrm{s}^{-1}$；

（c）$T = 1150\,^{\circ}\!C$，$\dot{\varepsilon} = 0.05\mathrm{s}^{-1}$；（d）$T = 1200\,^{\circ}\!C$，$\dot{\varepsilon} = 0.01\mathrm{s}^{-1}$；

4.3.4　亚动态再结晶晶粒尺寸模型

4.3.4.1　试验方案

将试样以 10℃/s 的速度加热到 1200℃，保温 5min 使试件内部奥氏体均匀化，之后以 5℃/s 的冷却速度冷却到变形温度（分别为 1100℃、1150℃ 和 1200℃），保温 2min 以保证试件内外温度均匀一致，之后进行热压缩，变形量保证大于等于稳态应变 ε_{ss}（确保第一道次发生完全动态再结晶），保证道次间隙时间内奥氏体仅发生亚动态再结晶，变形速率为 $0.01\mathrm{s}^{-1}$、$0.05\mathrm{s}^{-1}$ 和 $0.1\mathrm{s}^{-1}$，保温一定时间 t（t 应大于亚动态再结晶 95% 所需要的时间 $t_{0.95}^{md}$）后淬火以保留热变形奥氏体保温的组织状态。观察其金相组织，利用电子显微镜测量亚动态再结晶晶粒尺寸。亚动态再结晶晶粒尺寸试验工艺如图 4-39 所示。

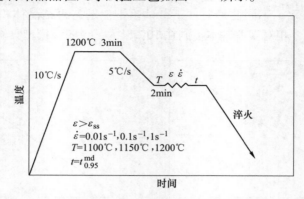

图 4-39　亚动态再结晶晶粒尺寸实验工艺

4.3.4.2　结果及讨论

表 4-5 为晶粒尺寸实测数据。由试验结果可知，应变速率越高或变形温度越小，亚动态再结晶晶粒尺寸越小。

表 4-5　试验测得亚动态再结晶晶粒尺寸

变形温度 T/℃	应变速率 $\dot{\varepsilon}$/s^{-1}	亚动态再结晶晶粒尺寸 d_{md}/μm
1100	0.01	71
1150	0.1	56
1150	0.01	100
1150	0.05	80
1200	0.01	119

4.3.4.3　模型建立

研究表明，当金属化学成分时，动态再结晶晶粒尺寸 d_d 是变形温度 T 和应变速度 $\dot{\varepsilon}$ 的函数，如下式所示：

$$d_{md} = G_{md} Z^{m_{md}} \tag{4-64}$$

式中，G_{md}、m_{md} 为与材料有关的系数。

对式（4-64）两边取自然对数得：

$$\ln d_{md} = \ln G_{md} + m_{md} \ln Z \tag{4-65}$$

如图 4-40 所示，$\ln d_{md}$ 与 $\ln Z$ 之间存在线性关系，回归得出 $m_{md} = -0.23727$，$G_{md} = 9.188 \times 10^3$。

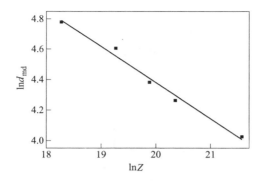

图 4-40 $\ln d_{md}$ 与 $\ln Z$ 之间的关系

由此得到亚动态再结晶晶粒尺寸模型：

$$d_{md} = 9.188 \times 10^3 Z^{-0.23727} \tag{4-66}$$

如图 4-41 所示，亚动态再结晶晶粒尺寸模型计算值与实测值吻合较好，相对误差在 4% 以内，满足工业要求。

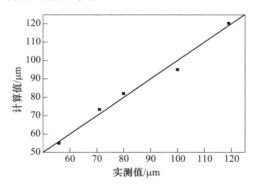

图 4-41 试验数据与计算数据对比

4.4 筒节微观组织演变有限元模拟

4.4.1 筒节轧制微观组织演变有限元模型

基于 ABAQUS 有限元软件，建立筒节轧制成形过程的有限元模型如图 4-42 所示。坯料外径 5100mm，坯料厚度 625mm，坯料高度 3000mm，目标成品外径 5228mm，成品厚度 561mm。筒节材料采用低合金 2.25Cr1Mo0.25V，材料的热膨胀系数、杨氏模量、密度、泊松比和材料的热系数等见第 3 章内容。ABAQUS 有限元模型轧制过程边界条件设定如下：芯辊转速设定为 1.5rad/s，作边旋转边进给运动；驱动辊同样设置为驱动转动，驱动辊转速为 1.48rad/s；宽展辊为从动辊，不做主动旋转运动；筒节坯料初始轧制温度为 1000℃，并设置相关换热边界条件。筒节轧制过程设置两个轧制道次，第一道次压下量为 34mm，第二道次压下量为 30mm，其中每个道次压下结束后，增加筒节轧制过程的一圈圆整，同时进给运动停止。图 4-43 是组织演变仿真模型示意图。

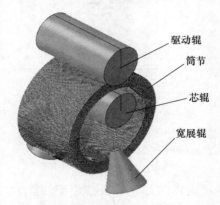

图 4-42　筒节轧制成形过程有限元模型

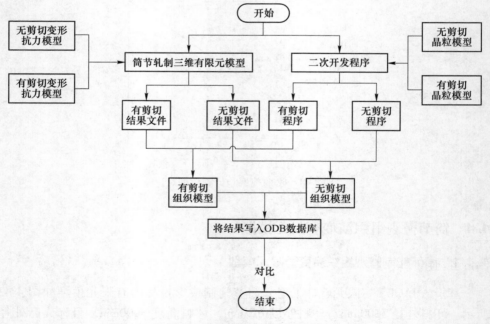

图 4-43　组织演变模型示意图

4.4.2　筒节轧制过程微观组织模拟分析

分别将考虑剪切状态下的动态再结晶模型和非剪切状下的动态再结晶模型通

过二次开发程序嵌入到筒节轧制成形中，得到轧制过程中的实时微观组织变化状态。图 4-44 和图 4-45 为考虑非剪切和剪切效应的动态再结晶模型的一道次结束、一道次圆整、二道次结束、二道次圆整的再结晶分布状况图。由图 4-44 和图 4-45 可知：（1）在整个筒节轧制成形过程中，筒节内侧和外侧由于直接接触芯辊和驱动辊，体积分数一直较大且分布均匀，芯部的体积分数则较小且分布均匀；在筒节的边缘，由于接触所有轧辊，体积分数最大;（2）在每个道次的圆整阶段，动态再结晶的体积分数略有上升，各区域的体积分数分布也更均匀，说明圆整对微观组织的分布也具有一定的修整作用；（3）当不考虑剪切效应时，在筒节轧制一道次结束时，动态再结晶体积分数均匀达到 0.5323%，在筒节轧制二道次结束时，动态再结晶体积分数均匀达到 0.8190%；当考虑剪切效应时，在筒节轧制一道次结束时，动态再结晶体积分数均匀达到 0.6764%，动态再结晶体积分数均匀达到 0.9632%，说明在筒节轧制过程中考虑剪切效应能够达到更大的晶粒细化范围。

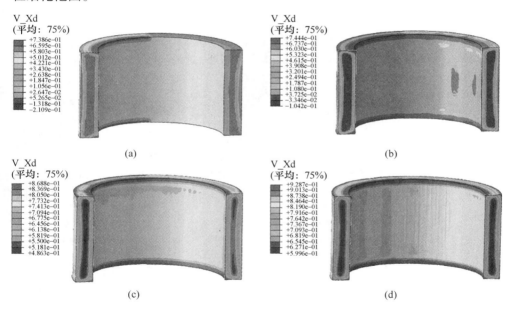

图 4-44　非剪切效应不同道次筒节轧制过程的动态再结晶体积分数分布云图
（a）轧制一道次；（b）一道次圆整；（c）轧制二道次；（d）二道次圆整

图 4-46 和图 4-47 为考虑非剪切和剪切效应的动态再结晶模型的一道次结束、一道次圆整、二道次结束、二道次圆整的再结晶晶粒尺寸图。由图 4-46 和图 4-47 可知：（1）在整个筒节轧制成形过程中，筒节内侧和外侧由于直接接触芯辊和驱动辊，晶粒尺寸较小且分布均匀，芯部的晶粒尺寸在一定范围内为材料的最初晶粒尺寸 129μm；在筒节的边缘，由于接触所有轧辊，晶粒尺寸最小；

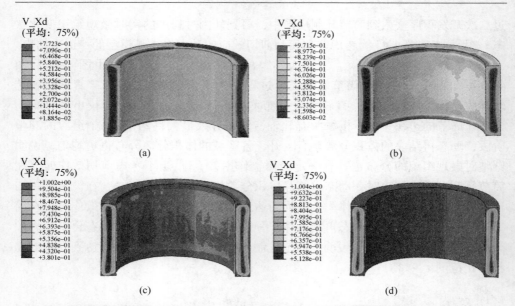

图 4-45　考虑剪切效应不同道次筒节轧制过程的动态再结晶体积分数分布云图

(a) 轧制一道次；(b) 一道次圆整；(c) 轧制二道次；(d) 二道次圆整

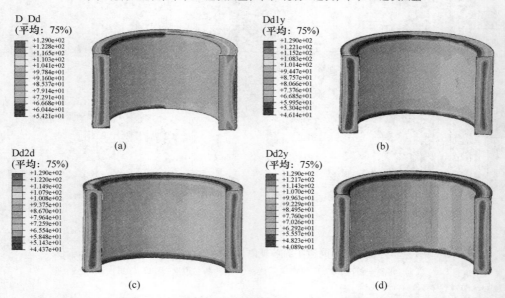

图 4-46　非剪切效应不同道次筒节轧制过程的动态再结晶晶粒尺寸分布云图

(a) 轧制一道次；(b) 一道次圆整；(c) 轧制二道次；(d) 二道次圆整

(2) 在每个道次的圆整阶段，动态再结晶的晶粒尺寸略有减小，各区域的晶粒尺寸分布也更均匀；(3) 不考虑剪切效应，在筒节轧制一道次结束时，动态再结晶晶粒尺寸均匀达到 73.76μm，在筒节轧制二道次结束时，动态再结晶晶粒尺寸均匀达到 70.26μm；考虑剪切效应，在筒节轧制一道次结束时，动态再结晶晶粒尺寸均匀达到 73.90μm，在筒节轧制二道次结束时，动态再结晶晶粒尺寸均匀达到 63.11μm，说明在筒节轧制过程中考虑剪切效应能够使得晶粒更好的细化。

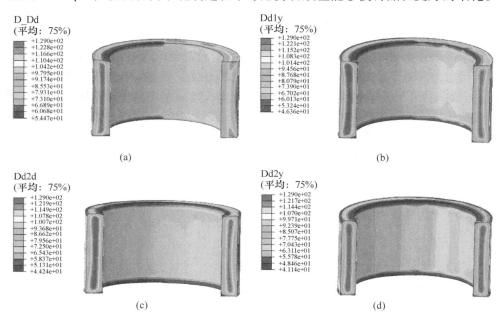

图 4-47　考虑剪切效应不同道次筒节轧制过程的动态再结晶晶粒尺寸分布云图
（a）轧制一道次；（b）一道次圆整；（c）轧制二道次；（d）二道次圆整

4.4.3　微观组织沿轴向演变特征

如图 4-48 所示，为沿筒节的内外侧轴向路径示意图。

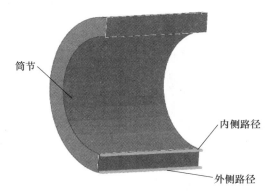

图 4-48　筒节内外侧轴向路径示意图

图 4-49 为轧制两道次的沿筒节内外侧轴向路径的动态再结晶体积分数分布特征，其中图 4-49（a）、（c）未考虑剪切效应，图 4-49（b）、（d）考虑了剪切效应。由图可得：（1）在筒节轧制过程中，筒节外侧的体积分数比内侧大，说明筒节的外侧更容易发生动态再结晶，随轧制道次的进行，体积分数逐渐增大；（2）在轧制一道次结束，当不考虑剪切效应时，筒节内侧和外侧的体积分数分布趋势相似，筒节中部区域的体积分数比两侧大，相差约 0.04%，两侧的分布接近一致，筒节内侧和外侧的体积分数相差约 0.07%；当考虑剪切效应时，筒节内侧体积分数变化不大，分布均匀，在筒节外侧中部区域的体积分数比两侧大，相差约 0.04%，两侧的分布接近一致，筒节内侧和外侧的体积分数相差约 0.02%。当考虑剪切效应时，动态再结晶的体积分数分布更加均匀；（3）在轧制二道次结束，当不考虑剪切效应时，筒节内侧中部的体积分数比两侧小，相差约 0.04%，其余分布和轧制一道次相似；当考虑剪切效应时，筒节内侧和外侧体积分数分布均匀，最大相差约 0.01%。当考虑剪切效应时，动态再结晶的体积分数分布更加均匀。

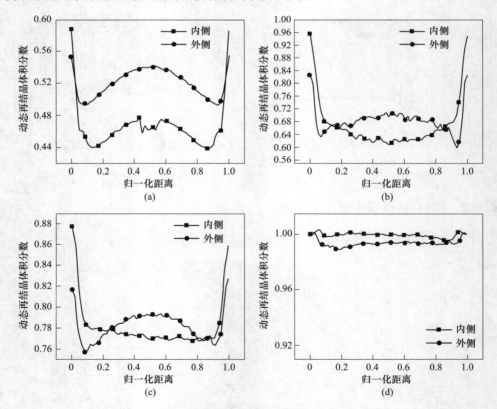

图 4-49　轧制两道次再结晶体积分数的演变示意图

（a）轧制一道次，非剪切效应；（b）轧制一道次，考虑剪切效应；

（c）轧制二道次，非剪切效应；（d）轧制二道次，考虑剪切效应

　　图4-50为轧制两道次的沿筒节内外侧轴向路径的动态再结晶晶粒尺寸特征，其中图4-50（a）、（c）未考虑剪切效应，图4-50（b）、（d）考虑了剪切效应。由图可得：（1）在筒节轧制过程中，筒节外侧的晶粒尺寸比内侧小，说明筒节外侧的晶粒得到更好的细化，随轧制道次的进行，晶粒尺寸逐渐减小；（2）在轧制一道次结束，当不考虑剪切效应时，筒节内侧和外侧的晶粒尺寸分布趋势大致一致，晶粒尺寸相差约15μm；当考虑剪切效应时，筒节内侧晶粒尺寸分布趋势大致一致，筒节外侧中部区域的晶粒尺寸比两侧小，相差约5μm，筒节内侧和外侧的晶粒尺寸相差不超过10μm。当考虑剪切效应时，动态再结晶的晶粒尺寸更小；（3）在轧制二道次结束，当不考虑剪切效应时，筒节内侧和外侧的晶粒尺寸分布趋势大致一致，晶粒尺寸相差约10μm；当考虑剪切效应时，筒节内侧晶粒尺寸分布均匀，筒节外侧中部比两侧晶粒尺寸小，最大相差约5μm，筒节内外侧相差不超过8μm。当考虑剪切效应时，动态再结晶的晶粒尺寸更小。

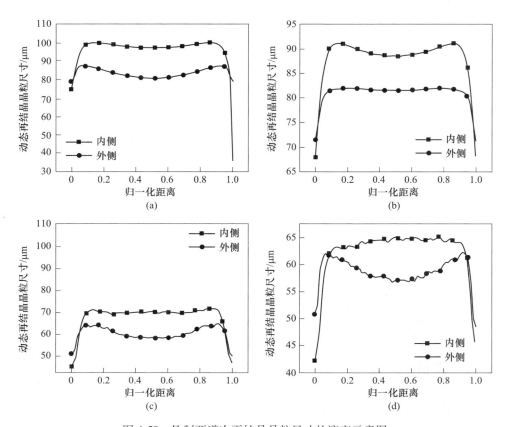

图4-50　轧制两道次再结晶晶粒尺寸的演变示意图

（a）轧制一道次，非剪切效应；（b）轧制一道次，考虑剪切效应；

（c）轧制二道次，非剪切效应；（d）轧制二道次，考虑剪切效应

4.4.4　微观组织沿环向演变特征

图 4-51 为沿筒节沿环向路径的截取截面示意图。图 4-52 为轧制两道次的沿筒节环向路径内外截面的动态再结晶体积分数分布特征，其中图 4-52（a）、（c）未考虑剪切效应，图 4-52（b）、（d）考虑了剪切效应。由图可知：（1）在筒节轧制过程中，筒节外截面的体积分数比内截面大，筒节外截面的体积分数分布比内截面要均匀，且在一段区域有体积分数的突变，这是由于筒节轧制的咬入和退出导致；（2）在轧制一道次结束，当不考虑剪切效应时，在稳定轧制状态，筒节内截面和外截面的体积分数相差约 0.04%，分布较均匀；当考虑剪切效应时，筒节内截面和外截面的体积分数相差不超过 0.1%。当不考虑剪切效应时，动态再结晶的体积分数约为 0.60%，考虑剪切效应时，体积分数约为 0.75%；（3）在轧制二道次结束，当不考虑剪切效应时，在稳定轧制状态，筒节内截面和外截面的体积分数相差约 0.02%，分布较均匀；当考虑剪切效应时，筒节内截面和外截面的体积分数相差不超过 0.01%。当不考虑剪切效应时，动态再结晶的体积分数约为 0.84%，考虑剪切效应时，体积分数约为 1.00%。

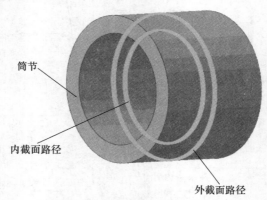

筒节

内截面路径

外截面路径

图 4-51　筒节环向路径示意图

图 4-53 为轧制两道次的沿筒节环向路径内外截面的动态再结晶晶粒尺寸分布特征，其中图 4-53（a）、（c）未考虑剪切效应，图 4-53（b）、（d）考虑了剪切效应。由图可知：（1）在筒节轧制过程中，筒节外截面的晶粒尺寸比内截面小，筒节外截面的晶粒尺寸分布比内截面要均匀，同样在一段区域有突变，这是由于筒节轧制的咬入和退出导致；（2）在轧制一道次结束，当不考虑剪切效应时，在稳定轧制状态，筒节内截面和外截面的晶粒尺寸相差不超过 15μm，分布较均匀；当考虑剪切效应时，筒节内截面和外截面的体积分数相差不超过 10μm。当不考虑剪切效应时，动态再结晶的晶粒尺寸约为 90μm，考虑剪切效应时，晶粒尺寸约为 85μm；（3）在轧制二道次结束，当不考虑剪切效应时，在稳定轧制

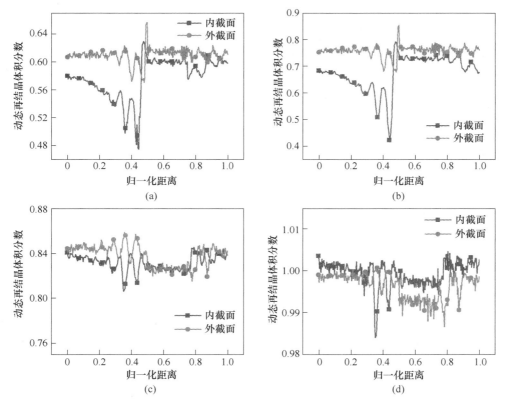

图 4-52　轧制两道次再结晶体积分数的演变示意图

（a）轧制一道次，非剪切效应；（b）轧制一道次，考虑剪切效应；

（c）轧制二道次，非剪切效应；（d）轧制二道次，考虑剪切效应

状态，筒节内截面和外截面的晶粒尺寸相差不超过 $10\mu m$，分布较均匀；当考虑剪切效应时，筒节内截面和外截面的晶粒尺寸相差不超过 $7\mu m$。当不考虑剪切效应时，动态再结晶的晶粒尺寸约为 $58\mu m$，考虑剪切效应时，晶粒尺寸约为 $55\mu m$。

4.4.5　筒节轧制过程组织沿径向演变特征

图 4-54 为沿筒节的径向路径示意图。图 4-55 为轧制两道次的沿筒节径向路径的动态再结晶体积分数分布特征，其中图 4-55（a）、（c）未考虑剪切效应，图 4-55（b）、（d）考虑了剪切效应。由图可知：（1）在筒节轧制过程中，筒节内外侧的体积分数比芯部大，筒节内外侧至芯部体积分数变化较快；（2）在轧制一道次结束，当不考虑剪切效应时，筒节芯部未发生动态再结晶，内外侧发生显著动态再结晶，体积分数约 0.60%；当考虑剪切效应时，筒节芯部发生轻微动

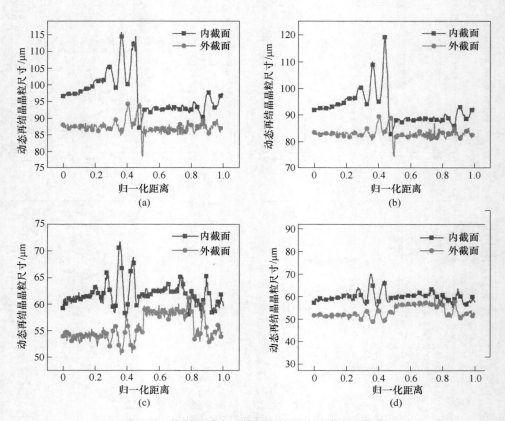

图 4-53　轧制两道次再结晶晶粒尺寸的演变示意图

（a）轧制一道次，非剪切效应；（b）轧制一道次，考虑剪切效应；
（c）轧制二道次，非剪切效应；（d）轧制二道次，考虑剪切效应

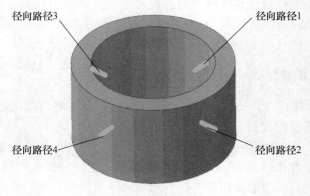

图 4-54　径向路径示意图

态再结晶，内外侧发生显著动态再结晶，体积分数约 0.75%；（3）在轧制二道次结束，当不考虑剪切效应时，筒节均发生动态再结晶，内外侧发生体积分数约为 0.85%，芯部体积分数约为 0.62%；当考虑剪切效应时，筒节均发生动态再结晶，内外侧发生体积分数约为 1.00%，芯部体积分数约为 0.60%。当考虑剪切效应时，更容易发生动态再结晶，体积分数也较高。

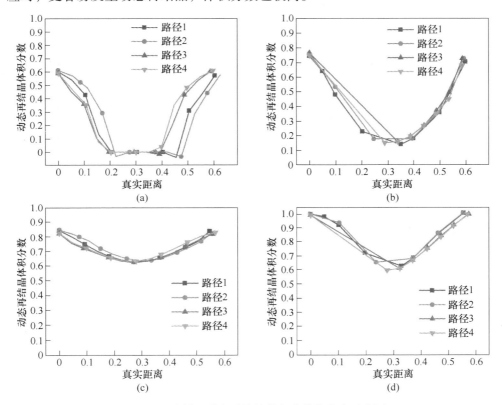

图 4-55　轧制两道次再结晶体积分数的演变示意图
（a）轧制一道次，非剪切效应；（b）轧制一道次，考虑剪切效应；
（c）轧制二道次，非剪切效应；（d）轧制二道次，考虑剪切效应

图 4-56 为轧制两道次的沿筒节径向路径的动态再结晶晶粒尺寸分布特征，其中图 4-56（a）、（c）未考虑剪切效应，图 4-56（b）、（d）考虑了剪切效应。由图可得：（1）在筒节轧制过程中，筒节内外侧的晶粒尺寸比芯部小，筒节内外侧至芯部晶粒尺寸变化较快，筒节内侧晶粒尺寸大于外侧晶粒尺寸；（2）在轧制一道次结束，当不考虑剪切效应时，筒节芯部晶粒尺寸为原始晶粒尺寸，内外侧晶粒尺寸相差不超过 15μm；当考虑剪切效应时，筒节芯部晶粒尺寸变化不明显，约为原始晶粒尺寸，内外侧晶粒尺寸相差不超过 10μm；（3）在轧制二道

次结束，不考虑剪切效应，筒节芯部晶粒尺寸变化不明显仍约为原始晶粒尺寸，内外侧晶粒尺寸相差不超过 10μm，内外侧晶粒尺寸约为 66μm；考虑剪切效应，筒节芯部晶粒尺寸变化不明显，约为原始晶粒尺寸，内外侧晶粒尺寸相差不超过 5μm，内外侧晶粒尺寸约为 61μm。

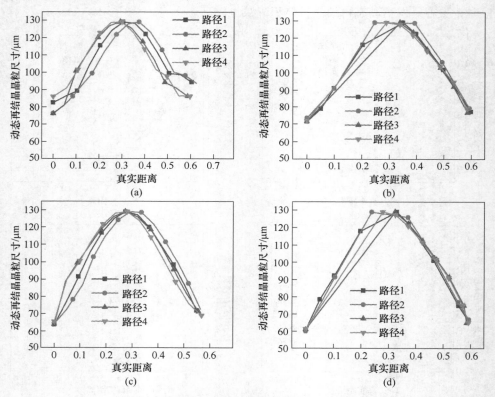

图 4-56　轧制两道次再结晶晶粒尺寸的演变示意图

（a）轧制一道次，非剪切效应；（b）轧制一道次，考虑剪切效应；
（c）轧制二道次，非剪切效应；（d）轧制二道次，考虑剪切效应

　　本章我们以加氢反应器大型筒节材料 2.25Cr1Mo0.25V 为研究对象，建立了不考虑剪切应力和考虑剪切应力状态的材料变形抗力数学模型；以不考虑剪切应力状态为例，建立高温轧制阶段材料微观组织演变模型，包括动态再结晶动力学模型、静态再结晶动力学模型、亚动态再结晶动力学模型、动态再结晶晶粒尺寸模型、静态再结晶晶粒尺寸模型、亚动态再结晶晶粒尺寸模型。基于有限元软件进行二次开发，模拟分析了筒节轧制过程微观组织演变规律。

第 5 章 大型筒节节能热处理技术

<<<<<<<<<<<<<<<<<<<<<<<<<<<<<<<<<<<<<<<<<<<<<<<<<<<<<<<<<<<<<<<<<<<<<

5.1 试验材料

本试验所选用的材料为 2.25Cr1Mo0.25V 钢，其化学成分如表 4-1 所示。试验钢的临界点温度为：$A_{C1} = 800℃$，$A_{C3} = 890℃$。

5.2 试验方案

5.2.1 大型筒节轧后余热热处理实验

为了准确验证大型筒节轧后冷却方式对筒节组织的影响，我们设计了小试样热处理试验：（1）如图 5-1 所示，将切取的 10mm×15mm 的圆柱试样在真空管式热处理炉中加热到 1200℃ 保温 2h，使其晶粒尺寸充分粗化到与实际筒节轧前晶粒尺寸相当；（2）在 Gleeble-3800 试验机上以 10℃/s 的加热速度迅速升温到 1200℃，保温 15min，使奥氏体组织均匀化；（3）进行四次压缩，分别对应筒节四道次轧制；（4）然后以不同的冷却速度冷却，使其分别对应在不同冷却方

图 5-1 压缩试样图示

式下沿筒节径向不同厚度处的冷却速度；（5）最后将压缩后的试样在真空管式热处理炉中以 0.1℃/s 升温到 950℃，保温 2h 后淬火，其实验工艺如图 5-2 所示。

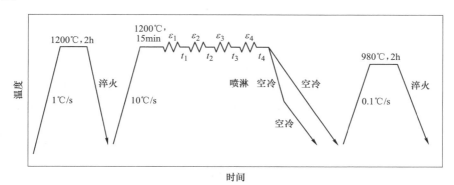

图 5-2 Gleeble 热压缩试验工艺图

　　由于大型筒节实际轧制和冷却过程中沿筒节径向不同厚度处的应变和冷却速度不易测量，图 5-2 中道次应变、道次间隔时间和冷却速度依据第三章的有限元模拟来确定。

5.2.2　大型筒节正火热处理试验

5.2.2.1　升梯式正火实验

　　大型筒节一般需要正火两次，现有等温式正火热处理工艺如图 5-3 所示。

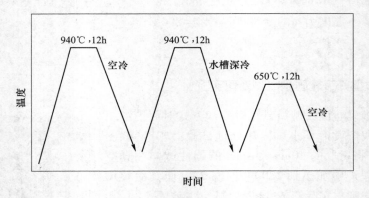

图 5-3　传统的等温式正火工艺图

　　针对传统的奥氏体区等温式正火加热温度高，正火保温时间长，热处理能源消耗大等缺陷，提出升梯式正火热处理工艺，如图 5-4 所示。首先切取 60mm×50mm×15mm 的实验钢块在快速加热电阻炉中加热到 1200℃，保温 2h，其目的是使实验钢块组织充分粗化到与轧后筒节心部晶粒尺寸一致。第一次正火温度分别设定为 800℃、840℃和 880℃，保温时间分别定为 2h、5h、8h 和 12h，第二次正

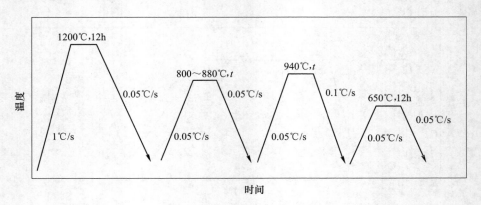

图 5-4　升梯式正火工艺图

火温度为940℃，两次正火保温时间相同，其热处理工艺如图5-4所示。通过组织和力学性能测试，验证升梯式正火最佳正火温度和保温时间，并与等温式正火对比，验证升梯式正火工艺的可行性。

5.2.2.2 台阶式正火试验

临界区正火虽然能够恢复奥氏体化，但奥氏体再结晶不充分，经临界区高温侧正火仍旧有部分粗晶现象。针对该问题，我们结合临界区正火和奥氏体区正火的优势，提出台阶式正火工艺，即在前一次正火保温结束后继续加热到下一次正火温度保温，形成台阶式正火，其热处理工艺如图5-5所示。第一个台阶设定为800～880℃，保温2.5h和4h；第二个台阶选取940℃，保温2.5h和4h；设定两次台阶式正火，两次的升温速度、正火温度和保温时间相同。

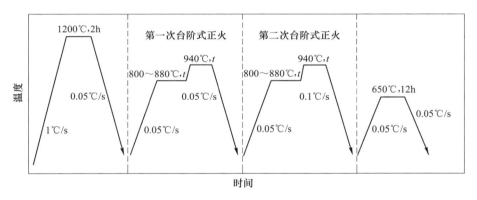

图 5-5　台阶式正火工艺图

5.3　试验处理

5.3.1　晶界和组织腐蚀

切取热处理后的试样，尽量避免从表面切取，因为热处理后试块表面不可避免的要产生氧化和脱碳。将切取后的试样在热镶嵌机上进行镶嵌；用（500～2500目）不同粗糙度的水砂纸从粗到细进行研磨，直到研磨面经目测没有明显划痕为止；在抛光机上用W1.5型金刚石研磨膏进行抛光，直到在光学显微镜下观察不到划痕为止；晶界腐蚀用苦味酸和海鸥洗发膏加蒸馏水配成饱和溶液后在80℃恒温水浴锅中腐蚀3min，将腐蚀后的试样在光学显微镜下观察晶粒大小；组织腐蚀在4%硝酸酒精溶液中腐蚀3～5s，然后在Hitachi S-4800型扫描电子显微镜下观察组织形貌。

5.3.2　室温拉伸试验

将热处理后的试验钢块中加工出如图 5-6 所示的拉伸试样，在 Inspect 100 table 拉伸试验机上进行室温拉伸试验，分别记录屈服强度、抗拉强度、伸长率和断面收缩率，每组拉伸三个试件，取平均值。

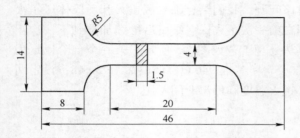

图 5-6　拉伸试样图示

5.3.3　–30℃夏比冲击试验

将热处理后的试验钢块中加工出如图 5-7 所示的 10mm×10mm×55mm 的 U 型缺口冲击试样。将干冰放入无水乙醇中，使无水乙醇温度降至–30℃，用温度计时时监控乙醇温度。待无水乙醇温度稳定在–30℃时，将冲击试样放入乙醇中，继续控制其温度在–30℃。保温 15min 后，迅速将冲击试样放入冲击试验机上，从试样被移除低温环境开始到摆锤冲断试样整个操作过程应保证在 3s 以内完成，以免试样温度有较大变化，影响试验结果。

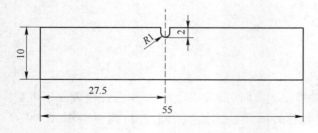

图 5-7　U 型缺口冲击试样图示

5.3.4　冲击断口形貌

为了进一步分析断裂机理，将冲断后的试样经超声波振荡，以清除断口上的异物，然后在 KYKY-2800 扫描电镜下进行扫面，观察并分析断口形貌。

5.4 轧后余热热处理工艺试验结果分析

图 5-8 所示为大型筒节热压缩模拟实验距筒节表面 129mm(P_2) 和距筒节表面 258mm(P_3) 点处的流变应力曲线。因为在四个道次的压缩试验中，试验钢的应变低于材料的临界应变，所以流变应力曲线表现为动态回复型。由此可以说明筒节心部区域在热轧过程中未发生动态再结晶，并且在道次间隔时间内发生静态软化，即静态再结晶。变形温度、变形程度和道次间歇时间是影响静态再结晶的主要因素。相对降低变形温度，提高变形程度和减小道次间歇时间有利于增加并保留变形材料的位错密度，使得晶粒得以细化。由于筒节表面在轧制过程中与轧辊周期性接触传热，从而使筒节表面区域（P_1）温降较快，加之变形程度大，轧后冷却速度较快，所以筒节表面区域轧制后晶粒细化效果较好。但是对于筒节心部区域，如 P_2 和 P_3 点，除应变率不同外，其在轧制过程中的温度和道次间隔时间相同。

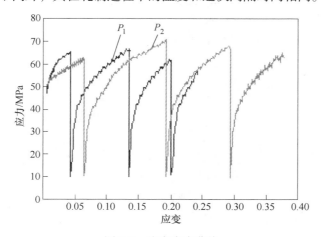

图 5-8 流变应力曲线

如图 5-8 所示，应用补偿法（0.2%）计算 P_2 和 P_3 点对应的静态软化率 F_s，其计算式为：

$$F_s = (\sigma_m - \sigma_2)/(\sigma_m - \sigma_1) \tag{5-1}$$

式中　σ_m——中断时的屈服应力，MPa；

　　　σ_1——前一道次压缩时的屈服应力，MPa；

　　　σ_2——后一道次压缩时的屈服应力，MPa。

计算 P_2 和 P_3 点的静态软化率相同（>95%），说明在筒节现有的轧制规程下，道次间歇时间内变形组织已经完成了静态软化，继续延长间歇时间，组织软化率变化不大。

一般认为静态再结晶约在软化率为 0.2 时开始，如果软化率用 F_s 表示，那么静态再结晶体积分数 φ_{srex} 可表示为：

$$\varphi_{srex} = (F_s - 0.2)/(1 - 0.2) \tag{5-2}$$

静态再结晶的过程包括形核与长大，因此随着道次间歇时间的延长，形核数目不断增加，再结晶晶粒也不断长大，当静态软化过程结束后，余下的较长一段等温过程使再结晶晶粒已基本恢复成初始晶粒尺寸。

5.4.1　轧后空冷组织形貌分析

图 5-9 所示为试验模拟大型筒节轧后空冷的 SEM 扫描图像。距筒节表面 10mm 处的 P_1 点，见图 5-9（a）所示，原奥氏体晶界清晰可见，晶内有大量针状铁素体生成，铁素体基体上分布着颗粒状 M/A 岛，为典型的粒状贝氏体组织。如图 5-9（b）所示，随着冷却速度的减小，针状铁素体含量降低，贝氏体颗粒增大，数量减小。对于筒节心部，如图 5-9（c）所示，铁素体基体较为平坦，基体中分布有大量不规则岛状组织，结合筒节材料的 CCT 转变曲线分析可知，这种组织主要为粒状珠光体，并伴有少量粒状贝氏体组织。

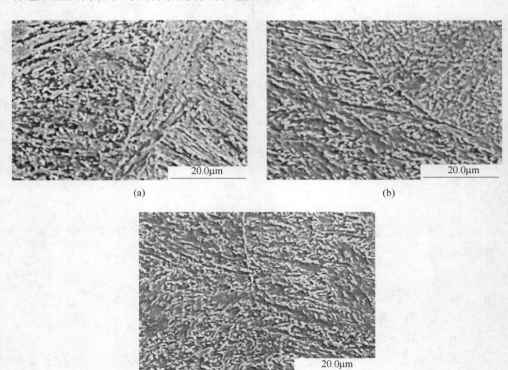

图 5-9　筒节轧后空冷不同位置处的扫描图像
（a）P_1：0.2℃/s；（b）P_2：0.05℃/s；（c）P_3：0.01℃/s

　　图 5-10 为模拟大型筒节轧后空冷并 950℃淬火后不同位置处的晶粒。如图 5-10（a）和（b）所示，受晶内较多针状铁素体的影响，使得材料在后期 950℃ 保温过程中粗大奥氏体晶粒被划分成多个小晶粒，从而有利于淬火过程晶粒细化。但是对于筒节心部区域，如图 5-10（c）所示，由于筒节轧后冷却速度小，使得铁素体基体较为平坦，950℃保温过程中，奥氏体形核后不断的合并长大，使得后期淬火后对晶粒的细化作用较差。

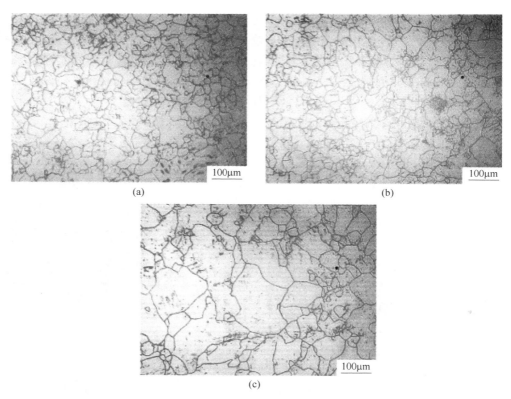

图 5-10　筒节轧后空冷并 950℃淬火后截面不同位置处的晶粒图
（a）P_1：0.2℃/s；（b）P_2：0.05℃/s；（c）P_3：0.01℃/s

　　分析图 5-8 的流变应力曲线可知大型筒节轧制过程压下率较低，静态再结晶过程奥氏体晶粒形核并充分长大，从而使得轧制过程对奥氏体晶粒的细化作用较差。由此可以推断影响筒节心部区域 P_2 和 P_3 点在后期淬火后晶粒尺寸大小不同的主要因素为塑性变形后的冷却速度不同。越趋近于筒节心部区域，冷却速度越小，对应后期 950℃淬火后的晶粒尺寸越大。综上分析，大型筒节热轧压下率低，轧后空冷，筒节心部冷却速度缓慢，因此造成筒节心部粗晶和混晶组织遗传现象严重。

5.4.2　冷却方式对组织形貌的影响

如图 5-11 所示为试验钢经热压缩后以不同的冷却方式冷却后的组织形貌。如图 5-11（a）和（b）所示为实验钢经塑性变形后在 600℃ 以上分别以 0.4℃/s 和 1℃/s 的冷却速度冷却，在 600℃ 以下以 0.1℃/s 的冷却速度冷却至室温。随着高温区冷却速度的增大，沿晶界处不规则的块状残余奥氏体量增多，晶内针状和板条状铁素体交错分布，上贝氏体组织明显增多。改变冷却转变温度，如图 5-11（c）所示，当冷却转变温度为 700℃ 时，晶界处残余奥氏体量较少，晶内生成少量板条状铁素体，铁素体板条较粗大。随着转变温度的降低，如图 5-11（d）所示，当冷却转变温度降低至 500℃ 时，由于转变温度更接近于贝氏体转变开始温度（B_s），过冷度增大，部分未分解的富碳奥氏体被保留下来，成为残余奥氏体。因此在晶内和晶界处均有块状残余奥氏体生成，并且随着冷却转变温度的降低，板条状铁素体含量增多，上贝氏体贯穿整个晶粒内部。

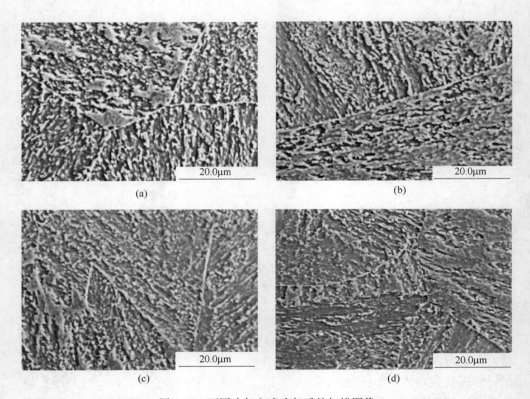

图 5-11　不同冷却方式冷却后的扫描图像

（a）0.4℃/s 和 0.1℃/s，600℃；（b）1℃/s 和 0.1℃/s，600℃；
（c）0.4℃/s 和 0.1℃/s，700℃；（d）0.4℃/s 和 0.1℃/s，500℃

5.4.3 冷却方式对淬火后晶粒大小的影响

如图 5-12 所示为不同冷却方式冷却并 950℃ 淬火后的晶粒图。随着高温区冷却速度的增加，如图 5-12（a）和（b）所示，由于残余奥氏体沿晶界分布，使 950℃ 保温过程中奥氏体晶核优先在原奥氏体晶界和富碳残余奥氏体与铁素体基体相界处形核，因此形成沿晶界小晶粒包围大晶粒的形貌，混晶度高。改变冷却转变温度，如图 5-12（c）所示，当冷却转变温度为 700℃ 时，晶内板条状铁素体量较少，因此后期热处理过程对晶粒的细化效果较差，另外由于晶界处有少量残余奥氏体，为后期热处理过程奥氏体形核创造条件，因此后期 950℃ 淬火后粗大晶粒周围生成部分小晶粒。随着转变温度的降低，如图 5-12（d）所示，当冷却转变温度为 500℃ 时，由于原奥氏体晶界和晶内均有残余奥氏体生成，因此在后期热处理加热过程中奥氏体晶核在晶界和晶内均能形核，并在 950℃ 保温过程中合并长大，从而后期使淬火后晶粒大小均匀。

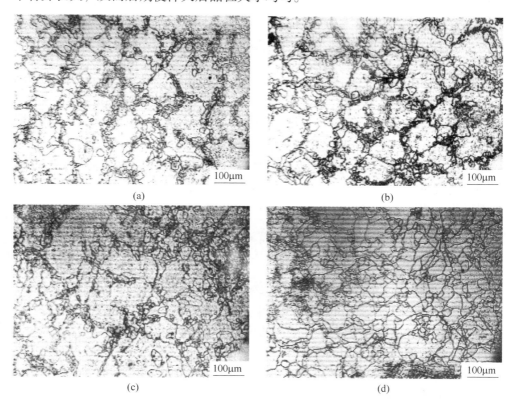

图 5-12　不同冷却方式冷却并 950℃ 淬火后的晶粒图
（a）0.4℃/s 和 0.1℃/s，600℃；（b）1℃/s 和 0.1℃/s，600℃；
（c）0.4℃/s 和 0.1℃/s，700℃；（d）0.4℃/s 和 0.1℃/s，500℃

综上分析，为了消除大型筒节轧后心部区域的粗晶和混晶组织，可适当提高筒节心部区域的冷却速度，降低冷却转变温度。结合上述试验结果分析可知，采用喷淋—空冷联合冷却不仅能够合理控制筒节冷却过程中的热应力和残余应力，防止大型筒节在冷却过程中的开裂，而且能够提高筒节心部的冷却速度，通过调整水空交替冷却的时间，合理控制大型筒节沿径向不同厚度处的冷却速度，使其满足越趋近于筒节表面区域，冷却速度越大，对应的冷却转变温度越低，从有利于消除大型筒节轧后心部区域的粗晶和混晶组织。

5.5　不同正火工艺试验结果分析

5.5.1　组织分析

5.5.1.1　升梯式临界区正火温度对组织的影响

结合 2.25Cr1Mo0.25V 钢材料的 CCT 转变曲线，可知试样在 1200℃，保温 2h，以 0.05℃/s 的冷速冷却后，其组织主要为铁素体、粒状贝氏体和少量珠光体。临界区正火时，奥氏体优先在原奥氏体晶界处形核。随着临界区正火温度的升高，铁素体与碳化物溶解程度增大，促使奥氏体在晶内碳化物与基体相界处形核。图 5-13 为升梯式临界区不同正火温度热处理后的晶粒。由图 5-13（a）可知，当升梯式正火加热温度为 800℃时，材料主要由铁素体和未溶碳化物构成，奥氏体形核量较少。另外，由于铁素体基体上弥散分布着铬、钼、钒等高稳定合金碳化物，减慢了奥氏体的形核速度，从而使得临界区低温侧（800℃）正火奥氏体形核不充分，因此正火后粗晶和混晶组织严重。如图 5-13（b）所示，当正火加热温度为 840℃时，平均晶粒尺寸为 56μm，混晶组织依旧存在；当正火加热温度为 880℃时，如图 5-13（c）所示，平均晶粒尺寸为 45μm，晶粒大小均匀，混晶度明显降低。由此可知，随着临界区正火温度的升高，球状奥氏体在晶界和晶内均匀形核，球状奥氏体晶核与母相无位置关系，粗晶和混晶组织会随着球状奥氏体的形成和发展而减弱。

试样以 0.1℃/s 的冷却速度冷却后其组织以粒状贝氏体为主，并伴有少量上贝氏体组织。回火后可使贝氏体铁素体（BF）板条的晶界变得不连续或消失，板条间条状 M/A 组元分解，碳原子扩散偏聚形成渗碳体。图 5-14 为临界区正火并回火后的扫描图像，当正火温度为 800℃时，如图 5-14（a）所示，回火后试样 BF 板条形貌较为严重，渗碳体成条带状和片层状分布，球化量较少，在铁素体基体上形成明显的带状分布。如图 5-14（b）所示，随着临界区正火温度的升高，板条间条状 M/A 开始部分分解，试样渗碳体条带变短，呈短棒状或点状分布。当正火温度为 880℃时，如图 5-14（c）所示，BF 板条形貌已完全消失，渗碳体基本成点状或球状弥散分布于基体中，同时在晶界处也聚集一定量的渗碳

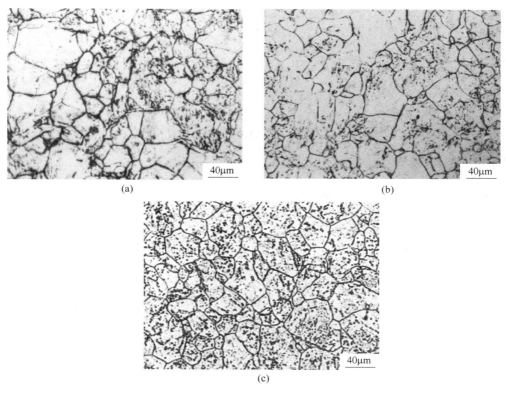

图 5-13 升梯式临界区不同正火温度热处理后的晶粒图
(a) 800℃；(b) 840℃；(c) 880℃

体，对晶界起到钉扎作用。

因此临界区正火温度对回火过程渗碳体球化有显著的影响，随着临界区正火温度的升高，奥氏体均匀化和合金元素的溶解程度提高，回火后渗碳体球化和弥散效果变好。

5.5.1.2 升梯式临界区正火保温时间对组织的影响

图 5-15 为升梯式临界区 880℃正火保温 2h、5h、8h 和 12h 热处理后的晶粒。如图 5-15（a）所示，为升梯式临界区 880℃正火保温 2h，平均晶粒尺寸为 45μm，晶粒大小均匀；随着临界区高温侧正火保温时间的延长，合金碳化物溶解程度提高，球状奥氏体得到充分发展并均匀长大，原始粗大的奥氏体晶粒得到细化和均匀化，如图 5-15（b）、（c）所示，当正火保温时间由 5h 延长至 8h 后，筒节心部平均晶粒尺寸由 38μm 减小到 31μm，混晶度明显降低。如图 5-15（d）所示，继续延长正火保温时间到 12h，球状奥氏间合并长大倾向增大，晶粒平均

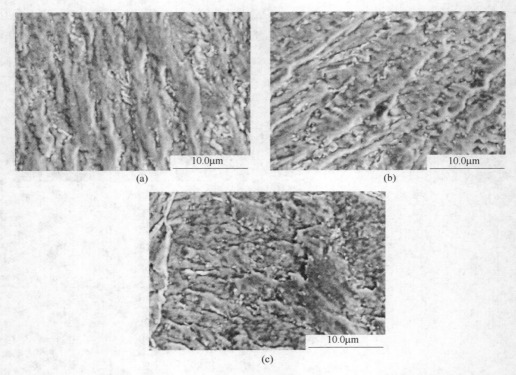

图 5-14　升梯式临界区不同正火温度保温 2h 并 650℃回火保温 12h 后的扫描图像
(a) 800℃；(b) 840℃；(c) 880℃

尺寸为 36μm。相比于等温式正火保温 12h 后得到平均晶粒尺寸为 23μm，升梯式正火对晶粒的细化效果并不理想，这是由于等温式正火加热温度在奥氏体区（940℃）保温一定时间后，碳化物充分溶解，奥氏体形核率和长大速率均增大，同时球状奥氏体间的合并能力增强，后形成的奥氏体晶核被优先形成的奥氏体晶核吞并。因此等温式正火对奥氏体晶粒整体细化作用较好，但对混晶度的改善作用不大，而临界区高温侧正火只是将部分粗大晶粒细化，从而使混晶度降低，但是对晶粒的整体细化作用较差。

　　图 5-16 为升梯式临界区 880℃正火保温 2h、5h、8h 和 12h 并 650℃回火保温 12h 后的 SEM 扫描图像。当正火保温时间为 2h 时，如图 5-16（a）所示，渗碳体沿晶界大量析出，晶粒内部渗碳体析出量较少，主要呈条状或片层状分布；当正火保温时间为 5h 时，渗碳体在晶粒内部析出量开始增加，片层状渗碳体消失，点状或球状渗碳体大量生成，如图 5-16（b）所示；当正火保温时间延长至 8～12h 时，如图 5-16（c）和（d）所示，渗碳体在晶粒内部析出量继续增加，球化效果较好，呈弥散分布于晶粒内部，在晶界处析出少量渗碳体，对晶界起到了钉

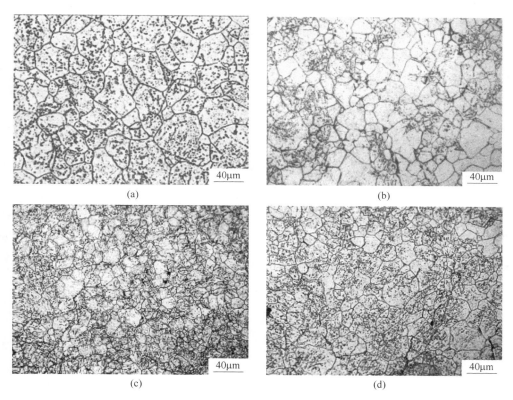

图 5-15 升梯式临界区 880℃正火不同保温时间热处理后的晶粒图

（a）2h；（b）5h；（c）8h；（d）12h

扎强化作用。

综上试验结果可知，升梯式临界区高温侧（880℃）正火，随着正火保温时间的延长，回火后渗碳体在晶粒内部球化和均匀化效果均提高。这是由于随着临界区正火保温时间的延长，合金碳化物充分溶解并均匀分布于基体中。在回火过程中条状贝氏体中的碳原子不断向外扩散析出，基体与渗碳体交界处便形成了凹坑，凹坑处的渗碳体曲率半径相对较小，所以其上面的固溶体比平面部分溶碳能力更强，以增大其曲率半径，从而引起凹坑处的碳原子不断融入固溶体当中，凹坑不断加深，最终熔断长大成球状。因此渗碳体球在晶粒内部弥散效果较好。

5.5.1.3 台阶式临界区正火温度对组织的影响

图 5-17 为一次台阶式临界区 800℃和 880℃正火保温 5h 热处理后的晶粒。如图 5-17（a）所示，当临界区正火温度为 800℃时，奥氏体晶粒粗大，平均晶粒尺寸为 52μm，混晶组织严重。其中大晶粒尺寸可达 100μm，粗大晶粒所占比例

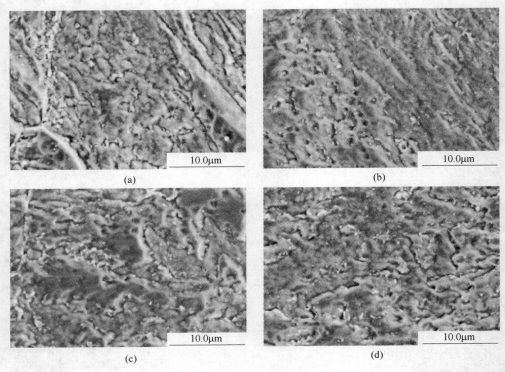

图 5-16　升梯式临界区 880℃正火保温不同时间并 650℃回火保温 12h 后的扫描图像

（a）2h；（b）5h；（c）8h；（d）12h

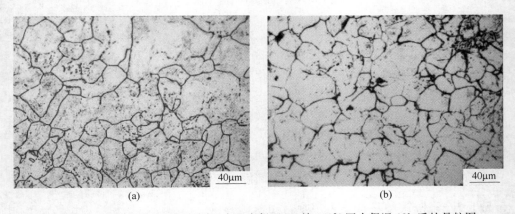

图 5-17　一次台阶式临界区不同正火温度保温 5h 并 650℃回火保温 12h 后的晶粒图

（a）800℃；（b）880℃

较大。对比图 5-17（b）可知，当临界区正火温度升高至 880℃时奥氏体晶粒明显均匀化，混晶度降低，平均晶粒尺寸为 47μm。因此，采用台阶式临界区高温侧正火有利于促进粗大奥氏体晶粒细化和均匀化，使混晶度明显降低。

图 5-18 为一次台阶式临界区 800℃ 和 880℃ 正火保温 5h 并 650℃ 回火保温 12h 后的扫描图像。如图 5-18（a）所示，当临界区正火温度为 800℃ 时，渗碳体在晶界处大量析出，在晶粒内部渗碳体呈片层状。当临界区正火温度为 880℃ 时，如图 5-18（b）所示，渗碳体已基本呈球状弥散分布于基体中。因此，提高台阶式临界区正火温度能够促进回火后渗碳体的球化和均匀化。

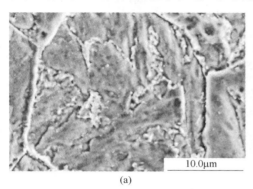 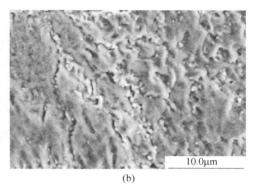

(a)　　　　　　　　　　　　　　　　　　(b)

图 5-18　一次台阶式临界区不同正火温度保温 5h 并 650℃ 回火保温 12h 后的扫描图像
(a) 800℃；(b) 880℃

5.5.1.4　台阶式临界区正火保温时间对组织的影响

台阶式临界区高温侧正火能够促进球状奥氏体均匀形核，奥氏体形核后均匀长大，对原始奥氏体的粗晶和混晶组织起到一定程度均匀细化作用。但是临界区高温侧正火保温对合金碳化物溶解程度有限，奥氏体球化并不完全，当由第一个台阶（临界区高温侧）升温到第二个台阶（940℃）后，补充了进一步生成奥氏体球状晶核所需的能量，形核率进一步提高。

图 5-19 为两次台阶式临界区 880℃ 正火保温 5h 和 8h 热处理后的晶粒。由图 5-19 可知经两次台阶式临界区高温侧正火热处理后的晶粒细小，其中经两次台阶式临界区 880℃ 正火保温 8h 后平均晶粒尺寸可达 18μm。图 5-20 为两次台阶式临界区 880℃ 正火保温 5h 和 8h 并 650℃ 回火保温 12h 后的扫描图像。如图 5-20（a）所示，当正火保温 5h 后渗碳体已均匀分布于铁素体基体中，球化效果较好，但仍有部分渗碳体聚集成片层状。当正火保温时间延长至 8h 后，如图 5-20（b）所示，渗碳体几乎全部呈点状或球状分布于基体中，在晶界处析出部分渗碳体，从而显著提高材料的综合力学性能。

5.5.1.5　不同正火方式对组织影响的综合对比分析

图 5-21 为两次台阶式临界区高温侧 880℃ 正火保温 8h、升梯式临界区高温侧

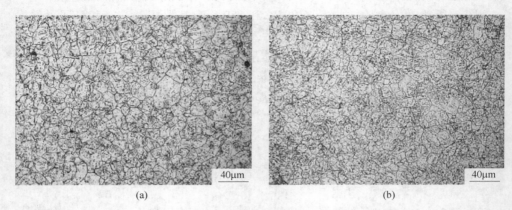

图 5-19　两次台阶式临界区 880℃不同保温时间热处理后的晶粒图

(a) 5h；(b) 8h

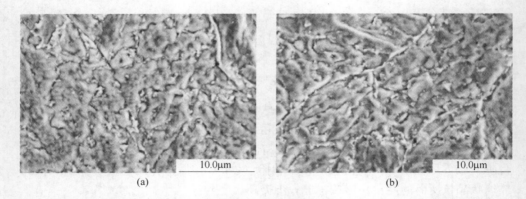

图 5-20　两次台阶式临界区 880℃不同保温时间并 650℃回火保温 12h 后的扫描图像

(a) 5h；(b) 8h

880℃正火保温 8h 和等温式 940℃正火保温 12h 并 650℃回火保温 12h 后的 SEM
扫描图像。由图 5-21 可知，经三种不同正火方式热处理后的材料，球状渗碳体
基本呈弥散式分布于基体中。由图 5-21（a）可知，经台阶式正火热处理后晶粒
细小，在晶界处析出部分渗碳体，对晶界起到钉扎强化作用，晶粒内部渗碳体球
化和均匀化效果好。对比图 5-21（b）和（c）可见，经升梯式正火和等温式正
火热处理后碳化物偏聚较为严重，渗碳体虽已球化，但在晶粒内部分布不均，尤
其是经等温式正火热处理后，碳化物已聚集成片状，这在一定程度上会影响组织
力学性能的均匀性。

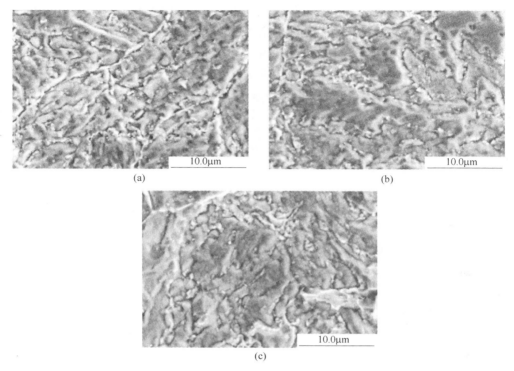

图 5-21　不同正火方式热处理后的扫描图像

（a）台阶式正火；（b）升梯式正火；（c）等温式正火

5.5.2　力学性能分析

5.5.2.1　升梯式正火力学性能分析

晶粒细化和回火渗碳体弥散析出可显著提高材料的综合力学性能。大型筒节热处理后其材料的拉伸力学性能和 $-30℃$ 夏比冲击吸收功要分别达到 $R_m = 585 \sim 760MPa$、$R_{p0.2} \geqslant 415MPa$、$A \geqslant 18\%$、$\psi \geqslant 54\%$ 和 $A_{KU} \geqslant 54J$ 的使用要求。

表 5-1 为试样在升梯式正火热处理后的力学性能。由表 5-1 可知，随着临界区正火温度的升高，试样的混晶度降低，渗碳体由条带状转变成点状或球状弥散分布于基体中，对材料起到了明显的强化作用，因此拉伸力学性能增大；随着正火保温时间的延长，抗拉强度增大，但伸长率变化不明显；当临界区高温侧正火保温 8h 后材料的抗拉强度和伸长率均达到稳定值 729MPa 和 22%，继续延长正火保温时间，受组织粗化的影响，拉伸力学性能又有所下降。

随着正火保温时间的延长，冲击吸收功不断增大，这与晶粒尺寸不断减小有关。试样经升梯式临界区低温侧正火保温 2h 对粗大奥氏体晶粒的细化作用较差，混晶度较高，加之回火后试样 BF 板条形貌明显，渗碳体球化效果差，所以 −30℃夏比冲击吸收功明显较低。随着临界区正火温度的升高，由于试样的混晶度降低，所以冲击吸收功不断增大，当临界区高温侧正火保温 8h 后，−30℃夏比冲击吸收功为 162J，达到筒节成品 54J 的指标要求。

表 5-1　升梯式正火热处理后材料的力学性能

| 正火温度/℃ | 保温时间/h | 室温拉伸 | | | | −30℃夏比冲击吸收功 A_{KU}/J |
		$R_{p0.2}$/MPa	R_m/MPa	A/%	ψ/%	
800	2	494	613	16.7	53.3	24/46/20
	5	574	685	19.3	60.1	114/96/126
	8	599	714	20.1	61.8	144/130/122
	12	571	688	20.6	62.5	138/126/150
840	2	546	656	20.0	61.2	86/42/58
	5	588	696	20.5	62.4	138/96/112
	8	619	715	20.3	62.0	164/138/148
	12	614	703	19.5	59.8	150/182/196
880	2	552	629	21.3	62.9	74/102/112
	5	618	702	21.3	62.7	128/128/136
	8	655	729	22.0	66.5	168/162/156
	12	659	731	22.1	70.8	156/190/176

5.5.2.2　台阶式正火力学性能分析

表 5-2 为试样经台阶式正火热处理后的力学性能。由表 5-2 可知经过一次台

表 5-2　台阶式正火

| 正火次数 | 正火温度/℃ | 保温时间/h | 室温拉伸 | | | | −30℃夏比冲击吸收功 A_{KU}/J |
			$R_{p0.2}$/MPa	R_m/MPa	A/%	ψ/%	
1	800	5	427	535	15.0	41.3	60/42/22
		8	465	558	15.8	42.5	72/114/76
	880	5	446	543	16.8	53.2	126/98/84
		8	493	581	17.9	57.8	90/108/112
2	800	5	650	732	17.6	55.4	110/132/122
		8	643	722	20.4	62.5	128/146/160
	880	5	672	766	21.9	64.0	134/138/162
		8	681	768	22.5	68.5	184/172/188

阶式正火热处理后，拉伸力学性能和−30℃夏比冲击吸收功均低于两次台阶式正火热处理，尤其是经一次台阶式临界区低温侧正火保温 5h 后，试样的平均晶粒尺寸可达 64μm，造成低温冲击吸收功显著降低；随着台阶式临界区正火温度的升高和保温时间的延长，材料的屈服强度、抗拉强度和低温冲击吸收功均明显增大；经两次台阶式临界区高温侧正火保温 8h 热处理后，材料的屈服强度和抗拉强度分别可达 681MPa 和 768MPa，明显高于大型筒节材料在传统的奥氏体区等温式正火和升梯式临界区高温侧正火热处理后材料的最大强度，伸长率和断面收缩率较高，−30℃低温冲击吸收功平均可达 181J。

5.5.2.3 不同正火方式力学性能对比分析

图 5-22 为两次台阶式临界区高温侧正火、升梯式临界区高温侧正火和奥氏体区等温式正火热处理后材料的综合力学性能对比图。

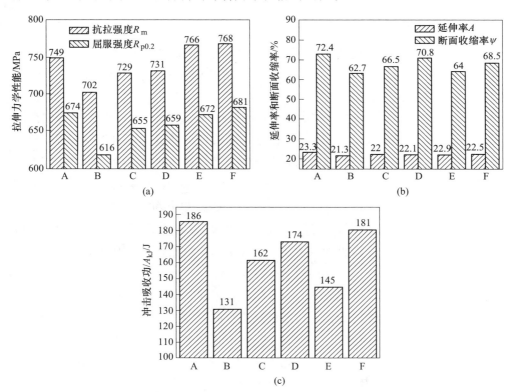

图 5-22 不同正火方式热处理后试样的力学性能对比图

（a）屈服强度和抗拉强度；（b）延伸率和断面收缩率；（c）−30℃夏比冲击吸收功

A—等温式正火保温 12h；B—升梯式临界区高温侧正火保温 5h；C—升梯式临界区高温侧正火保温 8h；

D—升梯式临界区高温侧正火保温 12h；E—两次台阶式临界区高温侧正火保温 5h；

F—两次台阶式临界区高温侧正火保温 8h

对比分析可知，两次台阶式临界区高温侧正火保温 5h 或 8h 后材料的屈服强度和抗拉强度分别可达 670MPa 和 760MPa 以上，大于传统的奥氏体区等温式正火保温 12h 和升梯式临界区高温侧正火保温 8h 和 12h 热处理后材料的屈服强度和抗拉强度，但伸长率和断面收缩率低于奥氏体区等温式正火保温 12h。−30℃夏比冲击吸收功随正火保温时间的延长而增大，两次台阶式临界区高温侧正火保温 8h 与奥氏体区等温式正火保温 12h 热处理后材料的冲击吸收功数值相当，均优于升梯式正火。

综合分析可知，两次台阶式临界区高温侧正火保温 8h 材料的综合力学性能优于等温式和升梯式正火热处理后材料的综合力学性能，可以将台阶式临界区高温侧正火热处理工艺应用于大型筒节的轧后热处理，从而大大缩短筒节的热处理周期，降低热处理能源消耗。

5.5.3 断口形貌分析

评定材料的冲击韧性主要是通过比较材料的冲击吸收功并结合冲击断口形貌进行综合分析。最典型的冲击断裂方式分为脆性断裂和韧性断裂。图 5-23 为不同正火方式热处理后的筒节材料−30℃冲击断口形貌。由图 5-23（a）~（c）可知，三种正火方式热处理后的试样−30℃冲击断口形貌既有脆性断裂又有韧性断裂产生；其中经升梯式正火热处理后的冲击断口较为平坦，为准解理断裂；经台阶式正火和等温式正火热处理后的冲击断口呈现少量塑性脊，说明材料的韧性有所提高，对应的冲击吸收功较大。将扫描放大倍数升高至 2000 倍，如图 5-23（d）~（f）所示，经升梯式正火热处理后低温冲击断口有典型的河流花样，对应的低温冲击吸收功较低，经台阶式和等温式正火热处理后，试样的冲击断口在解理断裂的基础上呈现出少量微孔断裂现象，在微孔断裂区内有少量平坦的小刻面，在小刻面的四周形成塑性变形撕裂楞。综合对比可知，经两次台阶式临界区高温侧正火热处理后试样的低温冲击断口在解理断裂的基础上塑性脊数量明显多于其他正火方式，因此其低温冲击吸收功数值较大。

本章研究了大型筒节粗晶和混晶组织的遗传机理，对比实验钢热变形后经不同冷却方式冷却后的组织和对应后期经 950℃淬火后的晶粒大小，得出大型筒节轧后空冷冷却速度缓慢是造成其心部区域粗晶和混晶组织严重的重要原因；研究了升梯式和台阶式正火热处理方案，通过热处理实验和力学性能试验研究了筒节心部材料在升梯式正火和台阶式正火并回火热处理后的组织和力学性能，并与目前常用的等温式正火热处理工艺对比，验证所提出热处理工艺方案的可行性。

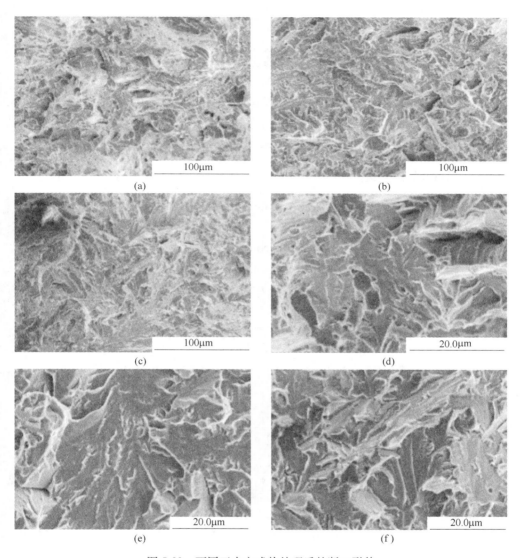

图 5-23　不同正火方式热处理后的断口形貌

（a）台阶式正火（500×）；（b）升梯式正火（500×）；（c）等温式正火（500×）；

（d）台阶式正火（2000×）；（e）升梯式正火（2000×）；（f）等温式正火（2000×）

第6章 大型筒节感应加热理论技术探讨

6.1 大型筒节感应加热基础理论

6.1.1 电磁场数学模型

当一定频率的交变电流通入感应器的线圈时，感应器内部和周围会产生相同频率的交变磁场，在交变磁场的作用下，工件表面一定深度内（集肤层）会产生涡电流，这时工件就会由于自身电阻而发热形成内部热源，其电磁场遵循 Maxwell 方程组为

$$\nabla \times H = J + \partial D / \partial t \tag{6-1}$$

$$\nabla \cdot B = 0 \tag{6-2}$$

$$\nabla \times E = - \partial B / \partial t \tag{6-3}$$

$$\nabla \cdot D = \rho \tag{6-4}$$

式中　H——磁场强度，A/m；

∇——拉普拉斯算子；

J——电流密度，A/m²；

D——电感应强度，C/m²；

B——磁感应强度，T；

E——电场强度，N/C；

ρ——自由电荷密度，C/m²。

满足以下方程

$$B = \mu H, \ D = \varepsilon E, \ J = \sigma E \tag{6-5}$$

式中　μ——磁导率；

ε——介电常数；

σ——电导率，S/m。

由高斯定律：

$$B = \nabla \times A \tag{6-6}$$

式中　A——磁矢势。

由上述公式可得

$$J = \nabla \times (1/\mu \cdot \nabla \times A) + \sigma \partial A / \partial t \tag{6-7}$$

故焦耳热功率密度为

$$q = |J|^2/\sigma \tag{6-8}$$

考虑辐射换热和对流换热边界条件，将焦耳热功率密度 q 作为内热源，其热传导方程为：

$$\rho c \partial T/\partial t + \nabla \cdot (-k\nabla T) = q \tag{6-9}$$

式中　　c ——比热容，$J/(kg \cdot ℃)$；

　　　　k ——热传导系数，$W/(m \cdot ℃)$。

6.1.2　温度场数学模型

固态热传导过程可以采用傅里叶导热方程来描述，大型筒节属于轴对称零件，非稳态傅里叶导热方程在三维柱坐标系下可以表示为：

$$\lambda\left(\frac{\partial^2 T}{\partial r^2} + \frac{1}{r}\frac{\partial T}{\partial r} + \frac{\partial^2 T}{\partial z^2}\right) + q = \rho c_P \frac{\partial T}{\partial t} \tag{6-10}$$

式中　　λ ——材料导热系数，$W/(m \cdot ℃)$；

　　　　T ——工件的瞬态温度，$℃$；

　　　　t ——过程进行的时间，s；

　　　　q ——相变潜热的热流密度，$J/(m^2 \cdot s)$；

　　　　ρ ——材料的密度，kg/m^3；

　　　　c_P ——材料的比热容，$J/(kg \cdot ℃)$；

　　　　r ——沿径向的坐标，m；

　　　　z ——沿轴向的坐标，m。

对于大型筒节热处理过程的温度场求解，还需要给出一定的初始条件和边界条件，才能求出相应的解。初始条件的表达式为

$$T\big|_{t=0} = T_0 \tag{6-11}$$

式中　　T_0 ——筒节的初始温度，$℃$。

对于筒节热处理过程中的边界条件，具体可以分为以下三类：

第一类边界条件，工件的表面温度是已知条件，为时间的函数，而热流密度和温度梯度是未知条件，其表达式为

$$T_u = T_w(x,r,t) \tag{6-12}$$

式中　　　　u ——物体的边界范围；

　　$T_w(x,r,t)$ ——已知的工件表面温度，$℃$。

第二类边界条件，已知工件表面的热流密度，也就是温度梯度是已知条件，而表面温度是未知条件，其表达式为

$$-\lambda \frac{\partial T}{\partial n}\bigg|_u = q_w(x,r,t) \tag{6-13}$$

式中　　$q_w(x,r,t)$ ——工件表面的热流密度，$℃$。

第三类边界条件，工件的环境温度 T_c 和工件与环境之间的换热系数 h 都是已知条件。其表达式为

$$-\lambda \left.\frac{\partial T}{\partial n}\right|_u = h(T_w - T_c) \tag{6-14}$$

式中　T_w——工件的表面温度；

　　　T_c——环境温度。

6.1.3　应力场数学模型

大型筒节在热处理工艺的加热和冷却过程中，其表面和心部的温度会随时间不断变化，因而产生一定的温度差，由于材料热胀冷缩的性质，会使工件各个部分发生不同程度的弹性变形和塑性变形，严重时会导致工序发生开裂现象。因此，研究筒节在热处理过程中的应力场分布是制定热处理工艺的关键。用有限元法求解弹性力学问题，大致可以分为以下几个步骤：根据基本方程，形成用位移表示的应力函数值；用泛函变分法形成位移与载荷的关系式；将求解域离散成单元，设单元的位移试探函数，以节点位移表示，对单元变分；然后总刚合成，形成以节点位移为未知数的线性方程组；解此联立方程得出节点的位移量；最后利用基本方程的关系求出应变和应力值。对于筒节热处理过程的应力场计算，基本上属于热弹塑性问题。

筒节材料进入塑性变形阶段，属于非线性的物理问题，需要进行线性化处理以便计算。常用的线性化处理方法有增量变刚度法、初应力法、初应变法等。本书主要介绍增量变刚度法。

对于弹性问题有

$$[K]\{\delta\} = \{F\} \tag{6-15}$$

$$\{\delta\} = [D]_e\{\varepsilon\} \tag{6-16}$$

式中　$[K]$——整体刚度矩阵；

　　　$[D]$——弹塑性矩阵；

　　　F——载荷。

可以把外载荷分成若干个小部分，将全部载荷一次一次地施加到所考察的弹性体上，分别将位移、应变和应力的增量记为 $\Delta\{\delta\}$、$\Delta\{\varepsilon\}$ 及 $\Delta\{\sigma\}$，根据线性关系有

$$\Delta\{\sigma\} = [D]_e\Delta\{\varepsilon\} \tag{6-17}$$

$$[K]\Delta\{\delta\} = \Delta\{F\} \tag{6-18}$$

式中，$\Delta\{F\}$ 为与所增加的载荷等效的节点负荷向量的增量。

对于变形较小的弹塑性问题，位移与应变之间的仍然是线性关系，位移也是连续性的，但是塑性区域的应力应变关系就不再是线性的。此时若载荷发生微小

的变动需采用下式

$$d\{\sigma\} = [D]_{ep}d\{\varepsilon\} \tag{6-19}$$

由于上式中右端的系数矩阵 $[D]_{ep}$ 与当时的应力水平有关，所以这个关系式是非线性的。

为了线性化，采取逐步增加载荷的方法。在一定应力与应变的水平上增加一次较小的载荷，将产生相应的应力和应变增量 $\Delta\{\sigma\}$ 和 $\Delta\{\varepsilon\}$，再根据式（6-19），可得出如下关系式：

$$\Delta\{\sigma\} = [D]_{ep}\Delta\{\varepsilon\} \tag{6-20}$$

它相当于将式（6-19）中的应力和应变的微分用增量来代替，令式中 $[D]_{ep}$ 只与加载前的应力状态有关，而与应力应变的增量无关，从而使式（6-20）成为线性关系。当然，用前一时刻的应力状态计算 $[D]_{ep}$ 会有些误差，如加载每步增量足够小时，这种近似是能满足工程计算需要的。欲求更精确的解，可用迭代方法，即先利用前一时刻应力计算，求出此时刻的应力，再利用所得的应力状态重新计算 $[D]_{ep}$，刚度矩阵，重新解出应力状态，如此反复迭代，直到前后两次所得应力值之差小于某个极小量为止。

对于每一步加载，由于式（6-20）是线性的，就不难采用和弹性情况类似的方法列出计算格式，并求得这一步加载所产生的位移增量、应变增量和应力增量，在此基础上修改原先的应力状态，并进行下一步的计算。对于每一步加载都是解一个线性化了的问题，这样就可以求得整个弹塑性问题的解。具体说，上述载荷渐增法有如下式：

$$[K(\{\sigma\}_{i-1})]\Delta\{\sigma\}_i = \Delta\{F\}_i \tag{6-21}$$

$$\{\sigma\}_i = \{\sigma\}_{i-1} + \Delta\{\sigma\}_i \tag{6-22}$$

根据每次加载之前的应力状态，刚度矩阵都会重新计算一次。由于刚度矩阵在每次加载前都要发生变化，故而将这个方法称为变刚度法或增量刚度法。

用增量变刚度法计算弹塑性应力时，对每一步加载而言，除了刚度矩阵形成以及应力计算以外，其他计算步骤与弹性问题基本相同。只要在相应的弹性问题的程序中对形成刚度矩阵和应力计算这两个部分做适当的修改，就可以作为弹塑性问题的主体程序。

用增量变刚度法求解弹塑性问题，每个单元的弹塑性状态都存在如下三种情况，即（1）仍处于弹性状态的单元；（2）已处于塑性状态的单元；（3）加载前为弹性而加载后为塑性的过渡单元。

对于线弹性问题：

$$\{K\}^e = \iint_e [B]^{eT}[D]_e[B]^e 2\pi r dr dx \tag{6-23}$$

$$[K] = \sum_e [K]^e \tag{6-24}$$

在弹性单元中，应力应变关系与弹性不同，计算刚度矩阵时应以 $[\boldsymbol{D}]_{ep}$ 代替 $[\boldsymbol{D}]_e$，有：

$$[\boldsymbol{K}]^e = \iint [\boldsymbol{B}]^{eT} [\boldsymbol{D}]_{ep} [\boldsymbol{B}]^e 2\pi r \mathrm{d}r \mathrm{d}x \qquad (6\text{-}25)$$

显示，此式与应力状态有关，应力状态取前一时刻的已知值，可得到 $[\boldsymbol{D}]_{ep}$ 的显示表达式，因而计算不会有任何困难。

对于过渡区域的单元，在形成单元刚度矩阵时，用加权平均弹塑性矩阵 $[\overline{\boldsymbol{D}}]_{ep}$ 来代替式（6-25）中的 $[\boldsymbol{D}]_{ep}$。

设 $\Delta\overline{\varepsilon}_s$ 为达到屈服所需的等效应变增量；$\Delta\overline{\varepsilon}_{es}$ 为此次加载所引起的等效应变增量；记 m 为加权平均弹塑性矩阵，

$$m = \Delta\overline{\varepsilon}_s / \Delta\overline{\varepsilon}_{es} \qquad (6\text{-}26)$$

故在过渡区域，$0 < m < 1$，有：

$$[\overline{\boldsymbol{D}}]_{ep} = m[\boldsymbol{D}]_e + (1 - m)[\boldsymbol{D}]_{ep} \qquad (6\text{-}27)$$

对于过渡区单元，按

$$[\boldsymbol{K}]^e = \iint_e [\boldsymbol{B}]^{eT} [\overline{\boldsymbol{D}}]_{ep} [\boldsymbol{B}] 2\pi r \mathrm{d}r \mathrm{d}x \qquad (6\text{-}28)$$

来形成单元刚度矩阵。

在具体计算时，如 $m \geqslant 1$，则单元处于弹性区；如 $m \leqslant 0$，则单元处于塑性区；如 $0 < m < 1$，则单元处于过渡区。

将增量变刚度法的计算步骤做出如下概况，以便程序化计算：

（1）确定增量载荷，每一次加载的载荷增量可以根据不同的情况而确定；

（2）施加载荷增量 $\Delta\{F\}$；

（3）估计此载荷增量在各单元中所引起的增量 $\Delta\overline{\varepsilon}_{es}$，并由式（6-26）决定各单元相应的 m 值；

（4）对每个单元按其处于弹性、塑性或过渡区域的不同情况分别形成单元刚度矩阵；

（5）合成单元刚度矩阵为总刚矩阵，求解相应的基本方程的位移增量，进而计算应变增量、等效应变增量、应力增量及等效应力增量，并据此修改 $\Delta\overline{\varepsilon}_{es}$ 和 m 值；

（6）重复步骤（4）、（5）2~3 次；

（7）将位移、应变、应力增量叠加到加载前的水平上去，得此时刻的位移、应变和应力值；

（8）输出有关信息；

（9）如还未加载到全部载荷，则回到步骤（2），继续加载，否则计算停止。

6.1.4　组织场数学模型

大型筒节感应热处理过程按时间先后顺序，可以分为感应加热和冷却（水冷和空冷）两个阶段。对于冷却过程的组织转变已经有了广泛的研究，并且积累了大量的实际资料，具体来说就是等温转变（T. T. T）曲线图和连续转变（C. C. T）曲线图，这些对冷却过程组织场的计算和数值模拟工作打下了良好的基础。对于筒节的感应加热阶段，其目的是使筒节均匀奥氏体化，为后续的冷却过程的组织转变做准备。由于感应加热的加热速度快、奥氏体化时间短，奥氏体化不够充分；同时，感应加热的集肤效应和尖角效应等会导致加热过程的温度场分布不均匀，造成奥氏体化的不均匀。因此，非常有必要研究筒节感应加热过程材料的奥氏体化。

我们主要采用有限元模拟的方法研究筒节的加热过程，加热过程的组织转变主要是筒节材料的轧后组织（主要是贝氏体）向奥氏体的转变。一般用如下两种曲线描述钢铁材料的奥氏体转变过程：连续加热奥氏体转变（CHT）曲线和等温奥氏体化转变（TTA）曲线。CHT曲线是在不同的加热速度条件下测定，给出了奥氏体转变的开始点和结束点。TTA曲线是在一定温度条件下测定，给出了材料在不同保温时间下的奥氏体转变的体积分数，表述了材料的原始组织在不同温度下向奥氏体转变的进程。本文给出了两种计算加热过程奥氏体含量的方法：利用CCT曲线计算和利用TTA曲线计算。

6.1.4.1　利用CHT曲线计算组织场

CHT曲线给出了材料的原始组织（筒节轧后的组织主要为贝氏体、少量马氏体）在不同加热速度条件下向奥氏体组织转变的开始点、结束点、转变温度以及转变量，但没有反应组织转变的规律。为此，对连续加热条件下的组织转变过程提出了几种假设的表达式，再根据该假设关系进行组织转变量的计算。

第一种假设，转变量和温度成线性关系为

$$V = \frac{T - T_1}{T_2 - T_1} \qquad (6\text{-}29)$$

式中　T_1——奥氏体转变开始时的温度，℃；

　　　T_2——奥氏体转变结束时的温度，℃。

第二种假设，转变量和温度成指数关系

$$V = 1 - \exp(At^B) \qquad (6\text{-}30)$$

式中　A，B——与具体材料有关。

第三种假设，转变量和时间成对数关系

$$V = \frac{\ln t - \ln t_1}{\ln t_2 - \ln t_1} \tag{6-31}$$

式中　t_1——组织转变的开始时间点，s；

　　　t_2——组织转变的结束时间点，s。

　　以上三种表达式都是基于理想的加热过程进行假设的。实际加热过程中，加热速度一般都是变化的，而 CHT 曲线给出的升温曲线都是一定的加热速度下测定的，所以，在实际使用时，通常用平均加热速度来替代瞬时速度。

　　由于 CHT 曲线不能反映组织转变过程的规律，组织转变量的计算只能通过假设的表达式进行，计算结果的准确性难以保证，因此，在模拟计算时较少的情况使用 CHT 曲线，更多的是利用 TTA 曲线计算。

6.1.4.2　利用 TTA 曲线计算组织场

　　TTA 曲线给出了材料在给定温度下等温保温过程奥氏体转变的开始点、结束点和转变量。

　　筒节材料的原始组织（主要为贝氏体，少量马氏体）向奥氏体组织的转变过程属于扩散型转变。扩散型转变主要分为形核和长大两个过程，即在 TTA 曲线上的奥氏体转变开始点到转变结束点的这段时间内完成。不少学者研究了形核和长大过程，Jihnson、Mehl、Avrami 等人提出了如下表达式，来描述转变过程

$$V = 1 - \exp(-bt^n) \tag{6-32}$$

式中　V——转变体积分数；

　　　t——等温时间，s；

　　b，n——常数。

　　b 和 n 的值可以直接从 TTA 曲线上求得

$$n = \frac{\ln \dfrac{\ln(1-V_1)}{\ln(1-V_2)}}{\ln \dfrac{t_1}{t_2}} \tag{6-33}$$

$$b = -\frac{\ln(1-V_1)}{t_1^n} \tag{6-34}$$

式中　t_1，t_2——某一温度 T 对应的两个等温时间；

　　　V_1，V_2——相应的转变量。

　　转变量与时间的关系式与温度相关，故 b、n 的取值也与温度相关。

　　上述公式都是在等温转变的条件下成立，但是实际加热过程是连续加热，在连续加热条件下使用上述公式计算组织转变量，需要将时间进行离散化，也就是将连续加热过程看成多个离散时间的阶梯加热，每个阶段的阶梯加热都可以看成

等温转变过程，这样每个离散时间段都可以采用上述等温转变条件下的公式。然后将每个等温阶段进行叠加，就可以求得整个连续加热过程。

许多学者研究了上述的叠加方法，例如 Scheil 叠加法则首先求得每个温度下的孕育率 φ_i

$$\varphi_i = \frac{t_i}{\tau_i} \tag{6-35}$$

式中　t_i——每个温度下的停留时间；

　　　τ_i——该温度下的孕育期。

然后将各个温度下计算的孕育率进行累加，当孕育率的总和达到 1 时，组织转变开始，这样就可以得到连续加热条件下组织转变的开始温度。

$$\sum_{i=1}^{n} \varphi_i = 1 \tag{6-36}$$

同样，连续加热条件下的组织转变量也可以采用上述方法进行计算。假设为在温度 T_i 下保温 Δt 后的组织转变量，可以将 V_i 看成是在温度 T_{i+1} 下保温开始时的组织转变量，再加上该保温阶段内所生成的组织转变量 ΔV_{i+1}，就可以求得 T_{i+1} 温度下保温 Δt 时间后的组织转变量 V_{i+1}；计算 ΔV_{i+1} 时，需先按式（6-37）求得虚拟时间 t_{i+1}^*，即将前一阶段温度下的组织转变量 V_i 按下式进行计算，得到的结果看成 T_{i+1} 下所需时间：

$$t_{i+1}^* = \left[\frac{-\ln(1-V_i)}{b_{i+1}} \right]^{\frac{1}{n_{i+1}}} \tag{6-37}$$

然后计算 T_{i+1} 温度下保温 $t_{i+1}^* + \Delta t$ 时间的转变量：

$$V_{i+1} = 1 - \exp\left[-b_{i+1}(t_{i+1}^* + \Delta t)^{n_{i+1}} \right] \tag{6-38}$$

根据等温转变曲线计算组织转变量的原理图如图 6-1 所示。

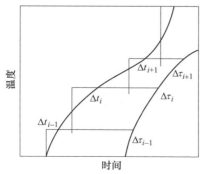
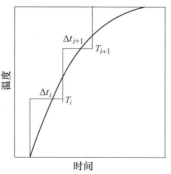

图 6-1　Scheil 叠加法模拟连续加热过程示意图

组织场计算框图如图 6-2 所示。

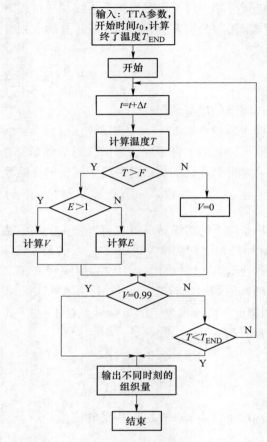

图 6-2　组织场计算框图

6.1.4.3　CHT 曲线与 TTA 曲线之间的转换

在实际情况中，通常只有等温转变曲线和连续加热曲线中的一种，本小节将介绍 CHT 曲线和 TTA 曲线之间的相互转化。一些学者研究了 CHT 曲线和 TTA 曲线的相互转化方法。

加热过程中，工件的奥氏体转变是随着温度的升高而逐渐进行的。筒节材料的原始组织（主要为贝氏体，少量马氏体）向奥氏体的转变属于扩散型相变，分为形核和长大两个过程。可以用下列方程描述形核和长大的过程

$$x(t) = 1 - \exp[-x_e(t)] \tag{6-39}$$

$$x_e(t) = \int_0^t v(t, \tau) I(\tau) d_\tau \tag{6-40}$$

$$v(t,\tau) = g\left[R(t,\tau)\right]^{b} \tag{6-41}$$

$$R(t,\tau) = \int_{\Gamma}^{t} G(\theta)d_{\theta} \tag{6-42}$$

式中　$x_e(t)$ ——扩展体积；

$v(t,\tau)$ ——线长大速率；

$I(\tau)$ ——形核率；

$R(t,\tau)$ ——新核半径。

用下列方程描述等温相变过程

$$x(T,t) = 1 - \exp\left[-k(T)t^{n(T)}\right] \tag{6-43}$$

$$\frac{dx}{dt}(x) = n(T)k(T)^{1/n(T)}(1-x)\left[-\ln(1-x)\right]^{[n(T)-1]/n(T)} \tag{6-44}$$

$$x_e = -k(T)t^{n(T)} \tag{6-45}$$

$$k(T) = k_0\exp\left(-\frac{\Delta H}{k_{\mathrm{B}}T}\right) \tag{6-46}$$

在连续加热过程中，转变量和加热速度等参数之间的关系为

$$x(T,r) = 1 - \exp\left[-k'(T)r^{-n}\right] \tag{6-47}$$

$$x_e = -k'(T)r^{-n} \tag{6-48}$$

$$k'(T) = k'_0 T^{2n}\exp\left(-\frac{\Delta H}{k_{\mathrm{B}}T}\right) \tag{6-49}$$

式中　r——冷却速度或加热速度。

在连续加热过程中，根据叠加法则

$$\int_0^t \frac{dt}{\tau(x,T)} = 1 \tag{6-50}$$

式中　$\tau(x,T)$ ——在温度 T 下，相变量为 x 时所需的时间。

当连续加热过程的加热速度固定时，上述方程可以写成

$$\int_{T_0}^{T(x)} \frac{dT}{r[T(x)]\tau(x,T)} = 1 \tag{6-51}$$

$$\frac{1}{r[T(x)]}\int_{T_0}^{T(x)} \frac{dT}{\tau(x,T)} = 1 \tag{6-52}$$

也就是

$$\int_{T_0}^{T(x)} \frac{dT}{\tau(x,T)} = r[T(x)] \tag{6-53}$$

上式两边对温度求导

$$\tau(x,T) = \left\{\frac{\partial T}{\partial r[T(x)]}\right\}_x \tag{6-54}$$

通过上式可以将连续转变曲线转变为等温转变曲线。

6.1.5　换热系数模型

6.1.5.1　辐射换热系数

辐射换热是指互不接触的物体通过相互辐射的热交换过程。其热能的传递无需介质的接触，实质是电磁能的传递。辐射换热一般由玻耳兹曼公式计算：

$$Q_r = A\varepsilon (T_w^4 - T_s^4) \tag{6-55}$$

则等效换热系数 $h_r (W/(m^2 \cdot \text{℃}))$ 为

$$h_r = \frac{Q_r}{T_w - T_s} = \varepsilon\sigma (T_w^2 + T_s^2)(T_w - T_s) \tag{6-56}$$

式中　Q_r——辐射热流密度，W/m^2；

　　　ε——辐射率；

　　　σ——玻耳兹曼常数，大为 $5.67 \times 10^{-8} W/(m^2 \cdot K^4)$；

　　　T_w——表面温度，K；

　　　T_s——环境温度，K。

6.1.5.2　对流换热系数

大型筒节热处理过程的对流换热，通常参考以下经验公式计算

$$\begin{cases} Nu = h_c l/\lambda \\ Re = ul/\nu \\ Pr = \nu/a \\ Gr = gl^3 \alpha_V \Delta T/\nu^2 \end{cases} \tag{6-57}$$

式中，Nu 为努赛尔数；Re 为雷诺数；Pr 为普朗特数；Gr 为格拉晓夫数；h_c 为对流换热系数，$W/(m^2 \cdot \text{℃})$；l 为工件的尺寸，m；λ 为流体导热系数，$W/(m^2 \cdot \text{℃})$；u 为流体速度，m/s；ν 为流体运动黏度，m^2/s；a 为流体热扩散率，m^2/s；g 为重力加速度，m/s^2；α_V 为流体体膨胀系数，℃，ΔT 为工件与流体的温度差，℃。

对于自然对流，存在如下经验公式

$$Nu_m = C (Gr \cdot Pr)_m^n \tag{6-58}$$

由式（6-50）可得为

$$h_c = \lambda \cdot Nu_m/l \tag{6-59}$$

其中，下标 m 为定性温度，$T_m = (T_w + T_f)/2$，C 和 n 为常数，由 $Gr \cdot Pr$ 决定其取值范围，具体如表 6-1 所示。Pr 值仅与气体原子数有关，具体值参考表 6-2。

表 6-1　C 和 n 的数值与使用范围

热表面形状和位置	$Gr \cdot Pr$	定性尺寸	C	n
竖平板及圆柱（管）	$10^4 \sim 10^9$（层流）	高度	0.59	1/4
	$10^9 \sim 10^{12}$（紊流）		0.12	1/3
横圆柱（管）	$10^4 \sim 10^9$（层流）	直径	0.53	1/4
	$10^9 \sim 10^{12}$（紊流）		0.13	1/3
横平板热面向上	$10^5 \sim 2 \times 10^7$（层流）	短边	0.54	1/4
	$2 \times 10^7 \sim 3 \times 10^{10}$（紊流）		0.14	1/3
横平板热面向下	$3 \times 10^7 \sim 3 \times 10^{10}$（层流）	短边	0.27	1/4

表 6-2　不同气体的 Pr 值

单原子气体	双原子气体	三原子气体	多原子气体	空气
0.67	0.7	0.8	1.0	0.73

对于强迫对流，当 $Gr/Re^2 \leqslant 10$ 时可以忽略其作用，

$$Gr/Re^2 = g\alpha_V l^3 \Delta T / u^2 \tag{6-60}$$

式中，$g = 9.8\mathrm{m/s}^2$，$\alpha_V = 2.7 \times 10^{-3}/℃$，$l \approx 10\mathrm{m}$，取 $\Delta T = 1℃$，$u = 1\mathrm{m/s}$ 计算，其数值为 26.5。实际的热处理过程，$\Delta T \gg 1℃$，$u \ll 1\mathrm{m/s}$，一般忽略强迫对流的影响。除了上述方程外，还可以采用经验公式计算对流换热系数。

$$h_c = \begin{cases} 2.56 \times \sqrt[4]{T_w - T_f} & （垂直平面） \\ 3.26 \times \sqrt[4]{T_w - T_f} & （水平面向上） \\ 1.98 \times \sqrt[4]{T_w - T_f} & （水平面向下） \end{cases} \tag{6-61}$$

式中　h_c——对流换热系数，$\mathrm{W/(m^2 \cdot ℃)}$；

　　　T_w——工件表面温度，℃；

　　　T_f——大气温度，℃。

实际热处理过程中，由于筒节的加热时间长，筒节表面会产生较厚的氧化层，很大程度上减缓了工件与外界的热传递，故实际换热系数常低于计算结果，因此通常对实际测得的数据拟合，可得到空冷换热系数的经验公式

$$h = 2.2(T_w - T_f)^{0.25} + 4.6 \times 10^{-8}[(T_w + 273)^2 + (T_f + 273)^2](T_w + T_f + 546) \tag{6-62}$$

式中，T_w 为表面温度，℃；T_f 为环境温度，℃。

6.1.5.3　喷水冷却时的换热系数

许多学者研究了工件在不同条件下的喷淋冷却系数，并总结了大量的经验公式。喷淋冷却换热系数受水流量、喷嘴类型、工件与喷嘴间的距离以及温度等诸

多因素的影响。图 6-3 为筒节在不同喷水强度下的换热系数。

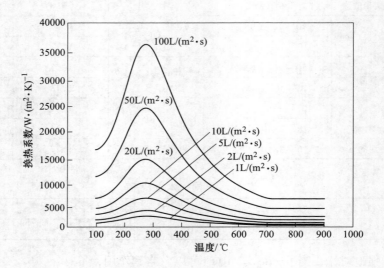

图 6-3　不同喷水强度下的换热系数

6.2　2.25Cr1Mo0.25V 钢的奥氏体化动力学

6.2.1　2.25Cr1Mo0.25V 钢热膨胀试验

试验材料为 2.25Cr1Mo0.25V 钢，化学成分如表 4-1 所示。圆棒试样如图 6-4 所示，尺寸为 ϕ6mm×86mm。

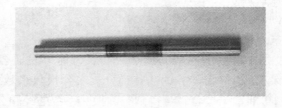

图 6-4　热膨胀圆棒试样

热膨胀试验在 Gleeble-3800 热模拟试验机上进行，具体步骤如下：圆棒试样从室温开始加热，以 1℃/s 加热到 680℃，然后分别以不同的加热速度（0.02℃/s、0.05℃/s、0.1℃/s、1℃/s、10℃/s）升温到 940℃进行连续加热奥氏体化，再将试样淬火冷却至室温。采用高精度热膨胀仪测量试样在加热过程中的直径变化。

6.2.2　连续加热转变曲线（CHT 曲线）

如图 6-5 所示，为通过试验测得的 2.25Cr1Mo0.25V 钢试样分别以不同的加热速度（0.02℃/s、0.05℃/s、0.083℃/s、0.1℃/s、1℃/s、10℃/s）进行连续加热奥氏体化的膨胀曲线。

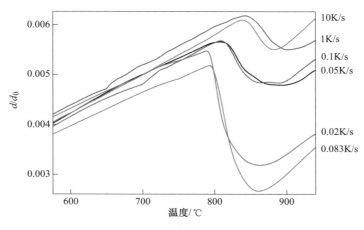

图 6-5　不同加热速率下的奥氏体膨胀曲线

如图 6-6 所示，2.25Cr1Mo0.25V 钢的膨胀曲线分为三个阶段：第一个阶段是原始组织（主要是贝氏体和马氏体组织）的膨胀阶段；第二阶段是原始组织转变为奥氏体的相变阶段；第三阶段是奥氏体化完成后奥氏体的膨胀阶段。

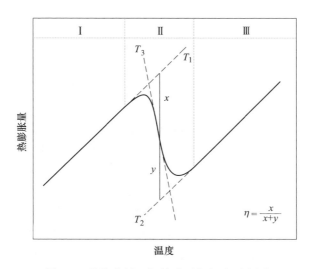

图 6-6　膨胀曲线、切线法及杠杆法示意图

假设圆棒试样在热膨胀过程体积变化是各向同性的，选择一个微小立方体，则膨胀后的立方体体积为

$$(a_0 + \Delta a)^3 = a_0^3 + 3a_0^2\Delta a + 3a_0\Delta a^2 + \Delta a^3 \tag{6-63}$$

在热膨胀过程中，Δa 相对 a 为极小值，因此式（6-63）中 Δa 的高阶项均可忽略不计，将式（6-63）简化为

$$(a_0 + \Delta a)^3 - a_0^3 = 3a_0^2\Delta a \tag{6-64}$$

$$V - V_0 = 3a_0^2\Delta a \tag{6-65}$$

因此，在热膨胀过程的相对体积变化 $\Delta V/V_0$ 与相对长度变化 $\Delta a/a_0$ 的关系可以表示为

$$\frac{\Delta V}{V_0} = \frac{3a_0^2\Delta a}{V_0} = \frac{3a_0^2\Delta a}{a_0^3} = 3\frac{\Delta a}{a_0} \tag{6-66}$$

式（6-63）~式（6-66）中，a_0 为膨胀前的立方体边长，Δa 为边长的线膨胀量，V_0 为膨胀前的立方体体积，ΔV 为立方体的体积变化量。由式（6-66）可知，ΔV 与 Δa 成正比关系，因此，2.25Cr1Mo0.25V 钢在加热过程中的奥氏体体积分数，可以利用杠杆定律和试样的膨胀曲线计算得到，如图 6-6 所示。材料在奥氏体化阶段奥氏体体积分数可以表示为

$$\eta = \frac{x}{x + y} = \frac{(k_1 T + p_1) - f_1(T)}{(k_1 T + p_1) - (k_2 T + p_2)} \tag{6-67}$$

式中　　η——奥氏体体积分数；

k_1，k_2——切线 T_1 和 T_2 的斜率；

p_1，p_2——切线 T_1 和 T_2 的截距；

$f_1(T)$——膨胀曲线的函数；

T——温度，℃。

利用切线法和试样的热膨胀曲线，可以计算出材料在不同的加热速度下的奥氏体转变开始温度 A_{c1} 和结束温度 A_{c3}。加热速度分别为 0.02K/s、0.05K/s、0.083K/s、0.1K/s、1K/s、10K/s 时，A_{c1} 分别为 796℃、800℃、798℃、803℃、820℃、825℃，A_{c3} 分别为 890℃、920℃、892℃、910℃、925℃、910℃。

图 6-7 为实验钢在加热速度为 0.02~10℃/s 时的连续加热转变曲线，图 6-8 所示为不同加热速度下的 A_{c1} 和 A_{c3}。由图 6-8 可知，A_{c1} 随着加热速度的增加而增加，且呈一定的线性趋势；而 A_{c3} 随加热速度的增加呈增加趋势，但为非线性增加。

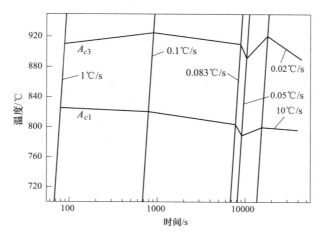

图 6-7　不同加热速度下的连续加热转变曲线

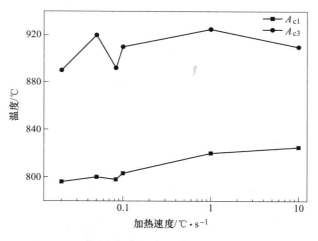

图 6-8　不同加热速度下的 A_{c1} 和 A_{c3}

6.2.3　相变激活能计算

利用热膨胀曲线和式（6-67），可以计算得到各个加热速度下奥氏体转变量与温度的关系，如图 6-9 所示。

采用 Kissinger 方法计算相变激活能，计算公式如下

$$\ln \frac{\dot{T}}{T_m^2} = -\frac{Q}{RT_m} + C \tag{6-68}$$

式中　$\dot{T}$——温度的变化速率；

T_m ——奥氏体转变速率最大时的温度,℃;

Q ——相变激活能;

C ——常数。

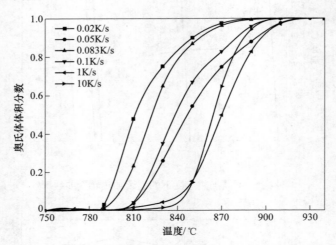

图 6-9 不同加热速度下的奥氏体体积分数-温度曲线

有相关研究认为，用上述公式计算的相变激活能，在 $Q/RT > 10.7$ 时的误差在 5% 以内。Mittemeijer 等人的研究结果表明，将式（6-68）中的 T_m 换成一个固定的奥氏体转变量下的温度 T_f 时误差更小，精确度更高。我们选用转变量为 50% 时的温度值 $T_{50\%}$ 来替代 T_m 计算奥氏体的相变激活能。由图 6-8 中的曲线，计算得到不同加热速度下的 $T_{50\%}$，结果见表 6-3。

表 6-3 奥氏体转变量达 50% 时的温度

$\dot{T}/K \cdot s^{-1}$	0.02	0.05	0.083	0.1	1	10
$T_{50\%}/℃$	813	848	824	839	870	862

由式（6-68）可以看成斜率为 $-Q/R$，自变量和因变量分别为 $1/T_{50\%}$ 和 $\ln(\dot{T}/T_{50\%}^2)$ 的直线方程。采用线性拟合的方法计算出直线的斜率为 57110，如图 6-10 所示。由于 R 为气体常数，数值为 8.314J/(mol · K)，故可以计算出 2.25Cr1Mo0.25V 钢的奥氏体化相变激活能 Q 的值约为 479.8kJ/mol。

6.2.4 奥氏体化相变动力学参数的确定

通常可以采用 J-M-A 方程描述等温固态相变过程

$$\eta = 1 - \exp(-\beta^n) \tag{6-69}$$

$$\beta = k_0 \cdot \exp\left(-\frac{Q}{RT}\right) t \tag{6-70}$$

式中　Q——相变激活能，kJ/mol；

　　　n——J-M-A 指数；

　　　k_0——指前因子，是由材料及相变类型决定的常数；

　　　R——气体常数，J/(mol·K)；

　　　T——热力学温度，K；

　　　t——相变的时间，s；

　　　η——新相的体积分数。

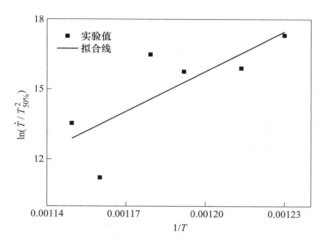

图 6-10　　$\ln(\dot{T}/T_{50\%}^2)$ 与 $1/T_{50\%}$ 的线性拟合

式（6-69）和式（6-70）中的 β 可通过积分或对离散时间求和来后的方程，可以用来描述非等温相变过程，如式（6-71）和式（6-72）所示。

$$\beta = \int_0^t k_0 \cdot \exp\left(-\frac{Q}{RT}\right) \mathrm{d}t \tag{6-71}$$

$$\beta = \sum_{i=1}^m \Delta t \cdot k_0 \cdot \exp\left(-\frac{Q}{RT_i}\right) \tag{6-72}$$

式中　Δt——时间步长；

　　　T_i——第 i 步的温度；

　　　m——增量步的数量。

将式（6-69）移项并两边取对数得到

$$\ln\left(\ln\frac{1}{1-\eta}\right) = n\ln\frac{\beta}{k_0} + n\ln k_0 \tag{6-73}$$

式（6-73）可以看成斜率为 n，截距为 $n\ln k_0$，自变量和函数值分别为 $\ln(\beta/k_0)$ 和 $\ln\{\ln[1/(1-\eta)]\}$ 的直线方程，然后利用线性拟合的方法就可以求出相变动力学参数 n 与 k_0 的值。

奥氏体体积分数 η 可以由式（6-67）计算得到，结果如图 6-7 所示，这样 $\ln\{\ln[1/(1-\eta)]\}$ 的值也可计算得到，而 $\ln(\beta/k_0)$ 则可以通过积分法或递推求和得到。若通过积分法来计算 $\ln(\beta/k_0)$，由于式（6-71）的表达式过于复杂而难以计算，可以忽略掉高阶无穷小项，得到：

$$\frac{\beta}{k_0} = \exp\left(-\frac{Q}{RT}\right) \cdot \frac{T^2}{\dot{T}} \cdot \frac{R}{Q} \cdot \left(1 - 2\frac{RT}{Q}\right) \tag{6-74}$$

上式中的 $-2RT/Q$ 项在精度要求不高时可忽略不计。若通过递推求和的方法来计算 $\ln(\beta/k_0)$，可以将式（6-72）变换为：

$$\frac{\beta}{k_0} = \frac{\Delta T}{\dot{T}} \sum_{i=1}^{m} \exp\left(-\frac{Q}{RT_i}\right) \tag{6-75}$$

式中，ΔT 为温度增量步长，其数值越小，越接近 $\mathrm{d}T$，计算精度就越高，但计算所用的时间也越长。

图 6-11（a）~（f）为不同加热速度下的 $\ln\{\ln[1/(1-\eta)]\}$ 与 $\ln(\beta/k_0)$ 关系的拟合，呈线性关系，可以通过直线的斜率和截距求得相变动力学 n 和 $\ln k_0$，具体结果见表 6-4。最后取平均值得到 2.25Cr1Mo0.25V 钢的奥氏体化相变动力学参数 $n = 1.0782$，$\ln k_0 = 45.6$。

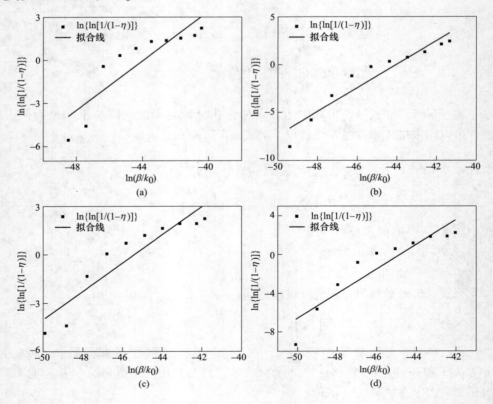

(a)　　　　　　　　　(b)

(c)　　　　　　　　　(d)

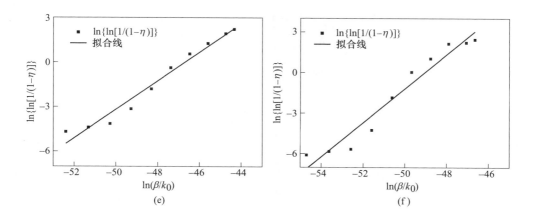

图 6-11　$\ln\{\ln[1/(1-\eta)]\}$ 与 $\ln(\beta/k_0)$ 关系的拟合

表 6-4　拟合不同加热速率下的 J-M-A 相变动力学参数

加热速率/K · s^{-1}	n	$\ln k_0$
0.02	0.8643	43.9
0.05	1.2358	44.0
0.083	0.8737	45.4
0.1	1.2703	44.8
1	0.9639	46.7
10	1.2614	49.1
平均值	1.0782	45.6

6.2.5　奥氏体化动力学方程精度检验

　　前述章节计算了 2.25Cr1Mo0.25V 钢的相变激活能 Q，以及相变动力学参数 n 与 k_0，再根据相变动力学方程式（6-69）和式（6-70），可以计算出该钢在不同加热速度下的奥氏体转变量与加热时间的关系曲线。将由热膨胀曲线测得的奥氏体转变量与加热时间的关系曲线，与计算值进行比较，如图 6-12 所示。可以看出，计算值与实验测量值十分相近，说明我们拟合的 J-M-A 方程能较好地描述 2.25Cr1Mo0.25V 钢的奥氏体化相变过程。

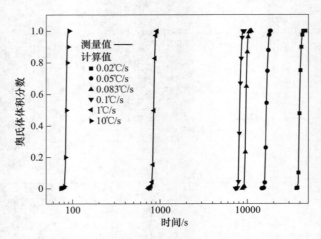

图 6-12　奥氏体转变量计算值与测量值对比

6.3　大型筒节感应加热装置设计

　　大型筒节的热处理通常在台车式电阻炉或火焰炉内进行，其加热方式是热传导式，由于筒节的特殊结构，其加热基本属于单面加热，热量由外壁向内部热传导。同时筒节壁厚很厚，使得其热传导的过程变得非常缓慢，筒节外壁的加热速度通常只能控制在每小时 50~70℃，筒节心部和内壁的加热速度则更低，筒节热处理一次加热通常达到数十小时，生产周期很长。台车式火焰炉或电阻炉的能耗高，热能利用率低下，对环境污染严重，很难满足现代工业发展的要求。感应加热具有高效率、加热速率可控和清洁环保等优点，在中小型零件整体感应加热中已得到普遍应用。

　　近些年，中国一重研究了一种大型筒节感应加热炉，在筒节外表面缠绕螺旋形线圈，采用感应加热的方式能提高加热效率和加热均匀性，但螺旋形线圈只能加热规定尺寸的筒节，同时加热的受热面仅为外表面，加热效率有限。为了克服现有技术的不足，我们针对大型筒节热处理周期长和能源消耗大的问题，设计了大型筒节感应加热炉装置，基于有限元软件建立了筒节感应加热的电磁-热耦合模型，研究了感应加热过程的温度场及应力场分布。

6.3.1　大型筒节不同加热方式

　　大型筒节主要采用台车式电阻炉进行加热，其加热方式主要是热传导式，由于筒节壁厚很厚，热传导过程非常缓慢，筒节的加热过程长达数十小时，生产周期很长，能源消耗大。为了克服现有技术的不足，中国一重设计了一种大型筒节感应加热炉，加热炉的线圈结构为螺旋式，缠绕在筒节外壁，感应器结构示意图，如图6-13所示。但螺旋形线圈感应器专用性强，一套感应器的内径、高度常只能适用极少尺寸的筒节，当应对多规格的筒节时，导致工装设备投资加大；同时，螺旋形线圈感应器只能对筒节外表面进行加热，而筒节内表面需由外表面的热传导。为此，我们对感应线圈的结构进行了改进，如图6-14所示，采用矩形线圈感应器，沿筒节轴向产生纵向电流对筒节加热。感应加热器的数量为6个，均匀布置在筒节四周，筒节在回转支撑装置的作用下作回转运动，使筒节加热过程温度场分布更加均匀。感应加热器均由6匝线圈串联而成，每匝线圈均由上端、外壁、下端和内壁4根线管组成，各线管由接头连接，这样形成开合式线圈，可调节线圈与筒节之间的距离，同时对筒节的内外表面进行加热，并且能适用不同规格的筒节。

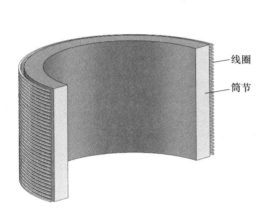 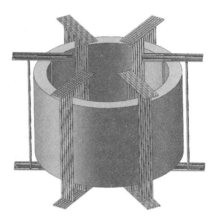

图 6-13　螺旋形线圈感应器结构简图　　　　图 6-14　矩形线圈感应器结构简图

6.3.2　大型筒节感应加热装置设计

感应加热炉由机架、炉盖、炉壁、感应加热器、感应线圈夹紧装置、移动耐火壁、移动耐火壁推动装置、回转台、回转支撑装置等组成，图6-15为大型筒节感应加热炉二维结构简图，图6-16为大型筒节感应加热炉三维结构示意图，图6-17为单匝感应线圈结构示意图，图6-18为感应线管夹紧装置结构示意图，图6-19为回转支撑装置结构示意图。

感应加热器的数量为6个，均匀布置在筒节四周，筒节在回转支撑装置的作用下作回转运动，使筒节加热过程温度场分布更加均匀。感应加热器均由6匝线圈串联而成，每匝线圈均由上端、外壁、下端和内壁4根线管组成，这样可以形成开合式线圈，便于筒节的装载与吊起。感应线圈加紧装置固定在隔板上，用于夹紧个线管，使线圈形成电流通路。感应线管均用线卡固定在炉盖、移动耐火壁和固定底座上，以减小电磁力引起线圈的振动；移动耐火壁推动装置可推动移动

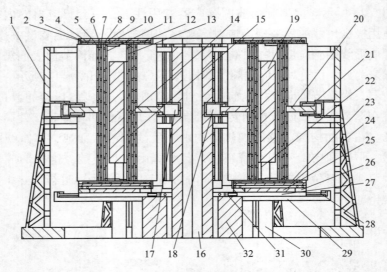

图 6-15 大型筒节感应加热炉结构示意图

1—机架；2—炉盖；3—上端感应线管；4—线卡；5—隔板；6—油缸支座；7，21—油缸；
8，20，22—活塞杆；9—铜块；10—外壁感应线管；11—外移动耐火壁；12—内移动耐火壁；
13—内壁上感应线管；14—接头内壁；15—下感应线管；16—通孔；17—接口 A；
18—接口 B；19—筒节；23—下端感应线管；24—固定底板；
25—旋转耐火底板；26—固定底座；27—导轨滑块；28—丝杠；
29—支撑导轨；30—液压缸；31—丝杠挡板；32—回转台

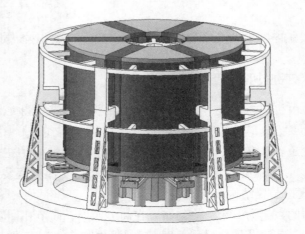

图 6-16 筒节感应加热炉三维结构示意图

耐火壁运动，从而调节内外壁线管与筒节之间的距离，使筒节内外壁加热均匀。

利用感应加热原理，能实现大型筒节热处理过程的快速加热，可将筒节加热时间由数十小时缩短为 8~10h。感应加热炉采用可移动式感应器，能灵活调节线圈与筒节内外壁的距离，不仅能实现筒节内外壁的均匀加热，还能提高感应器的功率因数，降低所需的电源功率。采用可移动式感应器，可以实现对不同直径、不同厚度的筒节进行加热。

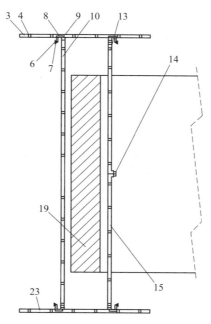

图 6-17　单匝感应线圈结构示意图

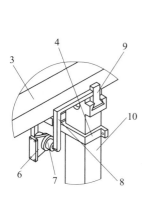

图 6-18　感应线管夹紧
装置结构示意图

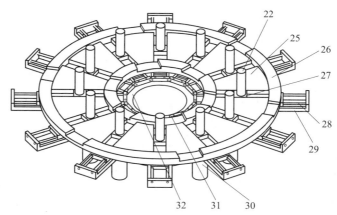

图 6-19　回转支撑装置结构示意图

感应器设计计算方法如下：

（1）计算的已知条件：

　　毛坯材质、毛坯尺寸（cm）、毛坯质量（kg）、生产率（kg/h）、加热温度（℃）。

　　（2）毛坯加热所需功率：

　　工件加热的有效功率 P_{21}（kW）

$$P_{21} = cG(t_2 - t_1) \tag{6-76}$$

式中　c——工件材料的比热容，kW·h/(kg·K)；

　　　　G——生产率，kg/h；

　　　　t_1——工件加热前的温度，℃；

　　　　t_2——工件加热后的温度，℃。

　　工件感应加热时的热损失，可按传热与辐射热的计算公式计算。若感应器里有水冷导轨，还应将导轨的传热损失计算进去。工件感应加热时的热损失也可根据经验进行估算，工件加热所需的功率 P_2（kW）为

$$P_2 = KP_{21} \tag{6-77}$$

式中　K——系数，可取 $K = 1.1 \sim 1.3$，对于管状工件的感应加热应取大值。

　　（3）磁场强度的计算：

　　毛坯在感应线圈中加热时，一定的磁场强度 H_0 的作用下毛坯所能产生的热能按下式计算

$$P_2 = 4\pi^2 \mu_r f H_0^2 L_2 F_2 A \times 10^{-12} \tag{6-78}$$

$$H_0 = \sqrt{\frac{P_2 \times 10^{12}}{4\pi^2 \mu_r f L_2 F_2 A}} \tag{6-79}$$

式中　P_2——毛坯加热所需的功率，kW；

　　　　f——电流频率，Hz；

　　　　H_0——毛坯表面的磁场强度幅值，A/cm；

　　　　L_2——毛坯加热部分的长度，cm；

　　　　μ_r——毛坯的相对磁导率；

　　　　F_2——毛坯的截面积，cm²；

　　　　A——无因次磁通函数。

　　（4）磁通的计算：

　　当毛坯感应线圈中加热时，其总磁通 Φ（Wb）是空气间隙中的磁通 Φ_g（Wb）、毛坯中的磁通 Φ_2 与线圈中的磁通 Φ_1（Wb）之和。而

$$\Phi_g = \mu_0 H_0 F_g \tag{6-80}$$

$$\Phi_2 = \mu H_0 F_2 (B - jA) \tag{6-81}$$

$$\Phi_1 = \frac{K_r \mu_0 \Delta_1 \pi D_1}{2} H_0 (1 - j) \tag{6-82}$$

式中，H_0 为毛坯表面的磁场强度幅值，A/cm；F_g 为空气间隙的截面积，cm²；F_2

为毛坯的截面积，cm^2；μ 为毛坯磁导率，H/cm；μ_0 为真空磁导率，$\mu_0 = 4\pi \times 10^{-9}$ H/cm；A 与 B 为无因次磁通函数；K_r 为线圈电阻的校正系数，一般为 $1 \sim 1.5$，1.15 为常用的数值；D_1 为线圈的内径，cm；Δ_1 为线圈上电流穿透深度，cm。

$$\Phi = 4\pi \times 10^{-9}H_0\left[\left(F_g + \mu_r F_2 B + \frac{K_r\Delta_1\pi D_1}{2}\right) - j\left(\mu_r F_2 A + \frac{K_r\Delta_1\pi D_1}{2}\right)\right]$$

$$(6-83)$$

当毛坯是在多层螺旋线圈中进行感应加热时，上述磁通 $\Phi(Wb)$ 的计算公式中的空气间隙截面积 $F_g(cm^2)$，应根据线圈平均直径的截面积计算，而 $\frac{K_r\Delta_1\pi D_1}{2}$ 应等于零。即

$$\Phi = 4\pi \times 10^{-9}H_0\left[(F_g + \mu F_2 B) - j\mu_r F_2 A\right] \qquad (6-84)$$

（5）感应线圈匝数的计算：

在进行感应加热时，为了建立磁场强度 H_0 所必需的线圈端电压 $E(V)$ 为

$$E = 4.44fW\Phi \qquad (6-85)$$

由于供电线路本身有电阻，故线圈的端电压应等于外施加电压与供电线路自身电阻引起的电压降之差，即

$$E = U - \Delta U \qquad (6-86)$$

式中 U ——供电电压，V；

ΔU ——供电线路的电压降，V。

供电线路上的电压降可预先估计为供电电压的 $5\% \sim 10\%$，视变压器与感应器之间的距离而定，其间距越大，电压降也越大。

感应线圈的匝数则为

$$W = \frac{U - \Delta U}{4.44f\Phi} \qquad (6-87)$$

当 $f = 50Hz$ 时，

$$W = \frac{U - \Delta U}{4.44 \times 50\Phi} = \frac{U - \Delta U}{222\Phi} \qquad (6-88)$$

（6）感应线圈上电流的计算：

线圈建立的总磁势为 WI，一部分磁势消耗在线圈内部，另一部分磁势消耗在磁通回路中的线圈外部，工频感应器在线圈的外部设置有导磁体，所以

$$\sqrt{2}WI = H_0 L + H_M L_M \qquad (6-89)$$

式中，W 为感应线圈的匝数；H_0 为毛坯表面磁场强度的幅值，A/cm；H_M 为导磁体内的磁场强度，A/cm；L_M 为导磁体的中心线长度，cm；L 为包括毛坯被加热

部分的长度（即导磁体两个极间的距离）与毛坯和导磁体极间的距离。

由于导磁体是用硅钢片制成的，导磁体很高，磁阻很小，故可将 $H_M L_M$ 一项略去不计，则

$$\sqrt{2}\, WI = H_0 L \tag{6-90}$$

$$I = \frac{H_0 L}{\sqrt{2}\, W} \tag{6-91}$$

（7）线圈导体截面的计算：

线圈导体截面积 $S(\mathrm{mm}^2)$ 的大小是根据导体截面上所允许的电流密度选择的，计算公式为

$$S = \frac{I}{\delta} \tag{6-92}$$

式中　I——线圈上的电流，A；

　　　δ——导体上允许的电流密度，$\mathrm{A/mm}^2$。

如果导体采用空气自然冷却的纯铜板或电缆时，其

$$\delta = 1 \sim 3 \tag{6-93}$$

采用流动水冷却的纯铜管作为导体时，其

$$\delta = 10 \sim 20 \tag{6-94}$$

用流动水冷却的纯铜管作导体是，也有采用大于上述的电流密度，在这种情况下功率的损失增大，降低了感应器的电效率，从长期使用来看，是不经济的。

我们参考实际生产能力，初步设定加热炉的最大加热功率为 12000kW，选定工频感应器的频率 $f = 50\mathrm{Hz}$，通过计算线圈匝数为 6 匝，线圈的截面积为 1600cm²。对于感应器的实际加热功率，以及通过线圈截面的电流由加热工况而定。

6.4　感应加热过程有限元模拟

6.4.1　有限元模型的建立

大型筒节在加热过程中的材料参数都是随着温度的变化而变化，2.25Cr1Mo0.25V 钢的密度、弹性模量、泊松比、比热容、导热系数和热膨胀系数可见前述章节。

为了达到高效准确的计算效果，需对模型进行简化，基本假设如下：

（1）大型筒节感应加热过程中，筒节以恒定的速度在加热器中运动。筒节的运动会对它所处的电磁场和涡流场产生一定影响，在工频条件下，当运动速度小于 1m/s 时，其影响可以忽略不计。

（2）筒节在加热过程中绕其中心轴做旋转运动，筒节单元的位移不断变化，

求解与位移有关，问题过于复杂。本文将筒节单元的加热过程分为在加热器里面的感应加热和在加热器外的热传导，从而将求解简化为与时间有关的问题。即通过求解静态条件下，筒节单元在不同时刻的电磁场和温度场，模拟筒节间隙式回转运动时的加热情况。

基于上述基本假设，为节省计算时间，采用筒节 1/30 单元的三维模型模拟实际的连续加热过程，如图 6-20 所示，为筒节单元的截面图。

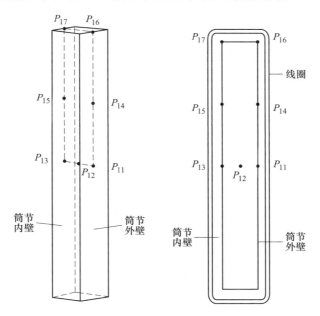

图 6-20   矩形加热线圈有限元几何模型示意图

我们采用 ANSYS Workbench 的电磁场分析模块 Maxwell 和瞬态热分析模块 Transient Thermal 进行筒节的电磁感应加热多场耦合计算。首先设置电磁场的边界条件和初始条件，进行电磁场求解，将计算得到的涡流值和筒节的初始温度一起作为热输入量进行热分析；热分析后，重新建立电磁场约束方程，更新材料的电磁属性，进行下一步电磁场分析，从而实现电磁场和温度场之间的交互式耦合；随后根据筒节表面的温度更新材料的热物性参数，再次进行温度场求解，直到热分析完成。

大型筒节的感应加热过程中，由于集肤效应，电磁场产生的涡电流主要集中在筒节的表层。筒节的涡电流密度从表层到心部逐渐降低，表层很大、加热速度非常快；而心部较小，几乎忽略不计。因此，对筒节进行有限元模拟时，筒节表层的网格应该划分得较细，保证涡电流密度的计算精度；而筒节心部的网格可以划分的较粗，避免计算时间过长。感应线圈中通入交变电流载荷，在线圈周围产生交变电磁场，从而使筒节内部涡电流而加热。因此，感应线圈的网格疏密程度影响着电磁场的计算精度，需要设置较密的网格。在求解域里，筒节和线圈之间的介质为空气，空气间隙对电磁场的分布有较大的影响，故需要划分较密的网格数。感应线圈外部的磁力线分布，并不像空气间隙内的磁力线分布较密，因此不必设置较密的网络。导磁体能够直接影响电磁场的分布，在筒节的棱角处的电磁场变化可能较为剧烈，可以划分较密的网格，在筒节平直区域电磁场变化较为平缓，可以划分相对较疏的网格。

　　感应加热过程的数值模拟计算边界条件可以分为两类：第一类为电磁场边界条件，第二类为温度场边界条件。

　　（1）电磁场计算边界条件：计算电磁场时所使用的边界条件，通常会引入复矢量磁位。图 6-21 所示为涡流问题区域及边界。表 6-5 所示为常用的电磁场边界条件，以及相应的复矢量磁位表示形式。

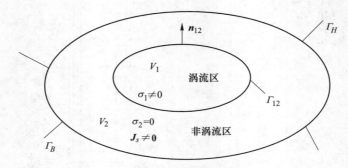

图 6-21　涡流问题区域及边界

表 6-5　用复矢量磁位表示的电磁场边界及其含义

边界条件	复矢量磁位表示边界	边界条件含义
$H = 0$	$\boldsymbol{n} \times \left(\dfrac{1}{\mu} \nabla \times \boldsymbol{A} \right) = 0$	磁场与边界垂直
$B = 0$	$\boldsymbol{n} \cdot (\nabla \times \boldsymbol{A}) = 0$	磁场与边界平行
$\boldsymbol{\rho}_s \neq 0$	$\boldsymbol{n} \times \left(\dfrac{1}{\mu} \nabla \times \boldsymbol{A} \right) = - \boldsymbol{\rho}_s$	边界面电流密度不为 0
$\boldsymbol{A} = \boldsymbol{A}_0$	$\boldsymbol{A} = \boldsymbol{A}_0$	强制边界
$H_1 = H_2$	$\dot{n} \times (\nabla \times \boldsymbol{A}_1) = \dot{n} \times (\nabla \times \boldsymbol{A}_2)$	忽略交界面电流分布时，
$\boldsymbol{B}_1 = \boldsymbol{B}_2$	$\boldsymbol{n} \times \left(\dfrac{1}{\mu} \nabla \times \boldsymbol{A}_1 \right) = \boldsymbol{n} \times \left(\dfrac{1}{\mu} \nabla \times \boldsymbol{A}_2 \right)$	交界面边界

我们在进行电磁场有限元模拟时，在对称面上，磁场与边界垂直，复矢量表示为 $n \times (1/\mu \nabla \times A) = 0$，$n$ 为对称面的法线方向，这个边界条件在 ANSYS Maxwell 软件中自动满足。在对称轴上，磁场与边界平行，复矢量表示为 $n \cdot (\nabla \times A) = 0$，即 $A_\theta = 0$。模型的电磁场求解域包括线圈和空气，在模型的外围电磁边界条件为磁绝缘，即 $A = 0$；所有区域的电磁场初始条件为 $A = 0$。模型内部电磁场在边界上均具有连续性，满足介质分界面边界条件：$n \times (H_1 - H_2) = 0$，$n \cdot (B_1 - B_2) = 0$。

（2）温度场计算边界条件：温度场边界条件，见本章6.1.1和6.1.4节。而换热边界条件采用第三类边界条件，包括筒节与炉内气体的对流和辐射，使用以下经验公式。

$$h = 2.56(T_w - T_c)^{0.25} + 4.6 \times 10^{-8} \times (T_w^2 + T_c^2)(T_w + T_c) \qquad （圆周表面）$$

$$h = 3.26(T_w - T_c)^{0.25} + 4.6 \times 10^{-8} \times (T_w^2 + T_c^2)(T_w + T_c) \qquad （圆周端部）$$

6.4.2 加热工艺的制定

大型锻件产品热处理过程的淬火和正火时，首先将锻件加热至适合的温度，使其完成奥氏体化。大型锻件加热过程的核心问题是在加热过程中如何尽量降低温差热应力，确保原有的缺陷不再扩大，同时也需要考虑不能在高温段停留过长的时间，防止奥氏体晶粒长大。

大型锻件的加热过程，根据工件入炉时的炉温和入炉后的升温方式不同，可分为三种方式：

（1）冷工件装入炉温已升至淬火或正火温度的炉内加热。

（2）工件入炉时，炉温为室温或 ≤300℃ 左右，工件的温度随炉温升至接近工件的相变点并保温一段时间，然后再加热至规定的淬火或正火温度，即所谓的阶梯加热方式，这也是最常用的大锻件加热方式。

（3）冷工件入炉时，炉温高于淬火或正火温度 100~120℃ 的炉中加热，这是一种快速加热方式，一般在特殊情况下使用。

三种加热方式的加热曲线如图 6-22 所示。

由图 6-22 可知，在大锻件的加热过程中，尤其是（a）和（c）两种加热方式，表面和心部的温差很大。当温差达到最大时，工件心部的温度仍然很低，处于弹性极限较高的状态，故工件内部将产生很大的内应力。为了降低筒节在加热过程中的内应力，本文选择加热方式（b）即阶梯加热方式对筒节进行加热。

通过对加热功率的控制来实现筒节的加热过程，筒节的加热过程分为四个阶段：加热段 A、均温段 B、加热段 C 和均温段 D。其中加热段 A 和加热段 C 分别以较高的输入功率使筒节表面达到目标温度，均温段 B 和均温段 D 的输入功率则逐步降低，这是为了防止筒节表面达到目标温度后继续上升而产生过热现象。

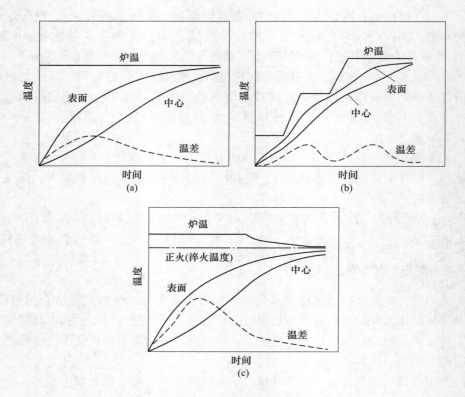

图 6-22　大锻件淬火、正火的加热方式示意图
（a）冷工件入炉时，炉温已升至淬火或正火温度；（b）阶梯加热；
（c）冷工件入炉时，炉温已升至高于淬火或正火温度 100~120℃

6.4.3　感应加热模拟结果分析

　　筒节的正火温度为 880~940℃，其感应加热过程可分为四个阶段：低温升温段 A，以一定的功率加热至筒节表面约 650~700℃，工艺参数为：（1）电流 30kA，加热时间 1500s；中间保持段 B，降低功率减小筒节心部与表面的温度差，同时控制筒节的整体温度在相变点以下，工艺参数为：（2）电流 17.5kA，加热时间 8700s；高温升温段 C，以较高的功率使筒节表面升温到接近正火温度，工艺参数为：（3）电流 30kA，加热时间 3900s；均温阶段 D，降低功率使筒节表面与心部均达到正火温度，工艺参数为：（4）电流 21kA，加热时间 4800s，（5）电流 17.5kA，加热时间 3900s。各阶段筒节单元的加热功率分别为 1812kW、737kW、1380kW、691kW、480kW。

　　图 6-23 为不同时刻大型筒节的温度分布云图。图 6-24 为 P_{11}、P_{12}、P_{13}、

P_{14}、P_{15}、P_{16}、P_{17}点的温度变化曲线，其中 P_{11}、P_{12}、P_{13} 为筒节中间截面外壁、中心和内壁上的点；P_{14}、P_{15} 为筒节距端面 1/4 高度处外壁和内壁上的点；P_{16}、P_{17} 为筒节端面尖角处的点。由图 6-23 和图 6-24 可知，在加热初始阶段，尖角处 P_{16}、P_{17} 的加热速度最快，1500s 时已经达到甚至超过筒节的正火温度，这是因为尖角部分的磁力线易于集中，导致尖角处的温度上升过快；距端面 1/4 高度处 P_{14} 和 P_{15} 的加热速度大于中间截面处 P_{11} 和 P_{13} 的加热速度，这是由于在矩形线圈内，筒节壁面端部的涡电流密度高于壁面中部的涡电流密度，导致越靠近端部温度越高的现象。在均温阶段，通过降低功率的方法减小壁面与中心的温度差，同时当温度超过 760℃ 时，筒节材料失去磁性，尖角效应消失，故 P_{16}、P_{17} 的温度略有下降。加热结束时，沿筒节中间截面厚度方向 P_{11}、P_{12}、P_{13} 点的温度分别为

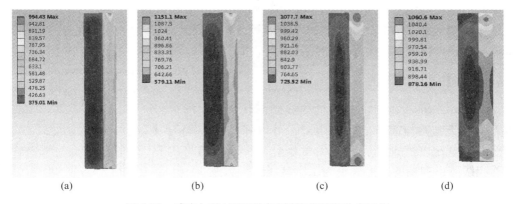

图 6-23 感应加热过程不同时刻筒节温度分布云图

（a）1500s；（b）10200s；（c）14100s；（d）22800s

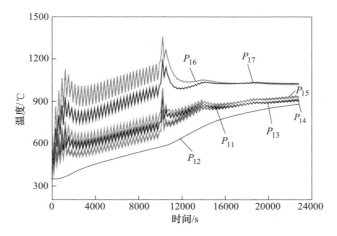

图 6-24 筒节上 $P_{11}\sim P_{17}$各点的温升曲线

902℃、879℃ 和 908℃，均在筒节正火温度范围之内；P_{14}、P_{15} 点的温度为 925℃、934℃，略高于最佳的正火温度，而 P_{16}、P_{17} 点的温度则高达 1016℃ 和 1025℃，已经超过了筒节的正火温度。由上述分析可知，大型筒节感应加热过程尖角效应的存在严重影响了筒节加热的均匀性，热处理后会使筒节端部出现过热或过烧现象，使得热处理后的筒节性能差，甚至报废，因此需要解决筒节感应加热过程尖角效应问题。

6.5　尖角效应解决方案模拟和结果分析

机械零部件在感应器中加热时，尖角部分的磁力线易于集中，导致带尖角或突起的部分的加热速度会比其他部分快，这种现象称为尖角效应。引起大型筒节感应加热过程尖角效应的主要原因在于感应加热装置设计得不合理，因此我们从感应线圈形状、增加热处理环和导磁体等方式研究其对于改进尖角效应的作用，进而优化设计大型筒节感应加热装置。

6.5.1　感应线圈形状

图 6-25 是改进后的感应加热线圈形状。由于增大了端部线圈与筒节之间的距离，可以降低筒节端部的涡电流密度，进而降低尖角效应，所以我们将感应线圈由初始的矩形改进为工字型线圈（方案 1）。工艺参数为：（1）30kA，1800s；（2）17.5kA，7200s；（3）30kA，4680s；（4）21kA，7200s。由于改变线圈形状后，感应器的功率因素以及筒节表面吸收的热功率均发生改变，故其感应加热工艺参数较原矩形线圈时（图 6-20）略有变化。各阶段筒节的加热功率分别为 1756kW、689kW、1310kW、589kW，较原矩形线圈时均有下降。图 6-26 是工字型线圈形状时大型筒节在不同时刻的温度场分布云图。图 6-27 为筒节上 $P_{21} \sim P_{27}$ 各点的温升曲线。由图

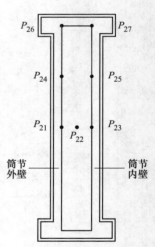

图 6-25　改进后的加热
线圈形状及有限元
几何模型示意图

6-23 与图 6-26 对比可知，改进线圈形状后，在加热段 A 和加热段 B，筒节端部过热的现象得到了明显的改善，但并没有消除尖角效应的影响；筒节壁面的温升速度较原矩形线圈时有所升高，通过缩短加热段 B 的时间至 7200s，使其温度仍维持在 650~700℃。加热时间为 9600s 时，筒节尖角处温度过高现象仍然存在，P_{26}、P_{27} 的温度达到 1026℃ 和 1061℃。在加热段 C 末期和整个加热段 D，筒节材料失去磁性后，尖角效应消失，壁面的温升速度较原矩形线圈时有所降低，通过延长加热段 C 和加热段 D 的时间至 4680s 和 7200s，使其壁面和中心温度达到

880℃左右。在加热结束时，筒节壁面 P_{21}、P_{23}、P_{24}、P_{25} 和筒节心部 P_{22} 的温度为 886℃、906℃、888℃、907℃、879℃，均在筒节正火温度范围内；而尖角处 P_{26} 和 P_{27} 的温度分别为 863℃ 和 862℃，略低于筒节最佳正火温度。可见，增大端部线圈与筒节尖角之间的距离，能有效地降低尖角效应，但同时会出现加热结束时边角处的温度偏低的现象。

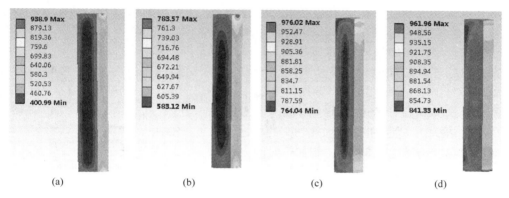

图 6-26 工字型线圈形状时大型筒节在不同时刻的温度场分布云图

（a）1800s；（b）9000s；（c）13680s；（d）20800s

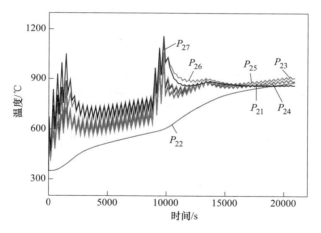

图 6-27 筒节上 P_{21}~P_{27} 各点的温升曲线

6.5.2 筒节端部焊接热处理环

在筒节两端焊接热处理环，将筒节的边角"延伸"到热处理环的边角处，而热处理环可以倒圆角，这样就成功的减弱了筒节感应加热过程中的尖角效应。图 6-28 为在筒节端部焊接热处理环后的模型（方案2）。热处理环的内外径与筒节相同，高度为 250mm，材料与筒节材料相同。感应加热工艺参数为:(1) 30kA, 1500s；

（2）17.5kA，8700s；（3）30kA，5100s；（4）21kA，7200s；（5）17.5kA，3600s。各阶段筒节及热处理环的总加热功率分别为 1928kW、762kW、1423kW、763kW、500kW，较原矩形线圈时均有升高。由图 6-29 与图 6-23 对比可知，在筒节端部焊接热处理环后，筒节端部已不存在尖角效应。但在加热过程中，端部依然会出现温度过高的现象。在加热段 A 和加热段 B，虽然筒节及热处理环总加热功率有所升高，但由于热处理环分担了过多的功率，导致筒节功率反而降低，这样其温升速度也相应降低。在加热段 C 和加热段 D，为弥补筒节加热功率的不足，使其心部温度仍能达到 880℃，将加热时间分别延长至 5100s 和 7200s。由图 6-30 可知，在加热结束时，筒节端部 P_{36}、P_{37} 的温度接近 1000℃ 左

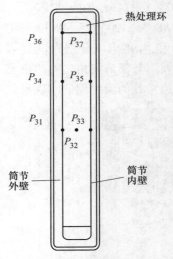

图 6-28　筒节端部焊接热处理环后的有限元几何模型

右，已经超出了筒节正火的温度范围。可见，在筒节端部焊接热处理环虽然能消除筒节的尖角效应，但由于矩形感应线圈的特殊结构使热处理处的磁力线密集，导致热处理环的温度上升过快，通过热传导，筒节端部的温度依然出现过高的现象。

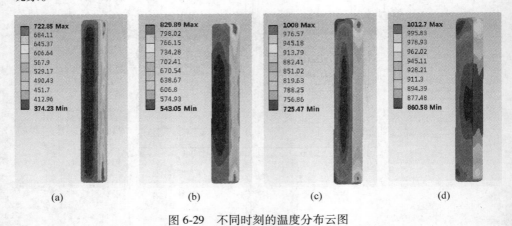

图 6-29　不同时刻的温度分布云图

（a）1500s；（b）10200s；（c）15300s；（d）26100s

6.5.3　端部线圈处添加导磁体，筒节端部焊接热处理环

图 6-31 是筒节端部焊接热处理环，端部线圈处添加导磁体的模型（方案 3），其中热处理环与方案 2 相同，导磁体置于筒节端部线圈下方，其相对磁导率为

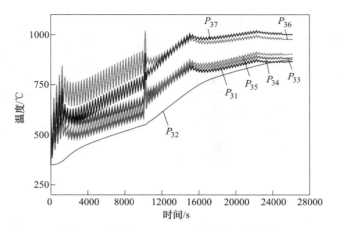

图 6-30　筒节上 P_{31}~P_{37}各点的温升曲线

600。感应加热工艺参数为：（1）30kA，1500s；（2）17.5kA，8700s；（3）30kA，3900s；（4）21kA，7200s；（5）17.5kA，2400s。各加热阶段筒节及热处理环的吸收的功率分别为 1990kW、785kW、1411kW、703kW、486kW，与方案 2 均相近。由图 6-32 与图 6-29 对比可知，筒节端部没有出现过热现象，这是因为相较方案 2，在端部感应线圈处添加导磁体后，筒节的磁力线分布发生改变，端部的磁力线密度降低，中间部分的磁力线密度升高，从而筒节端部的温升速度降低，中间部分的温升速度升高。在加热段 A 和加热段 B，相较方案 2，虽然筒节及热处理的总加热功率相近，但热处理环分担的功率降低，从而筒节的整体加热功率有所升高，其壁面和心部的温升速度也相应升高。在加热段 C 和加热段 D，为使筒节壁面和心部的温度不因功率升高而超过正

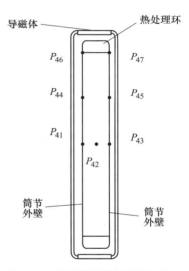

图 6-31　筒节端部焊接热处理环，端部线圈处添加导磁体后的有限元几何模型

火温度，故将其加热时间分别缩短至 3900s 和 2400s。在加热结束时，筒节壁面上 P_{41}、P_{43}、P_{44}、P_{45} 的温度为 896℃、914℃、889℃、900℃，筒节心部 P_{42} 温度为 894℃，筒节端部 P_{46}、P_{47} 的温度为 873℃、884℃，均在较佳的正火温度范围之内，整体加热效果较好（见图 6-33）。筒节的最高温度点出现在内壁面次表层，为 928℃，这是由于筒节外表面向外散热，而次表层的温度会因感应加热继续上升。

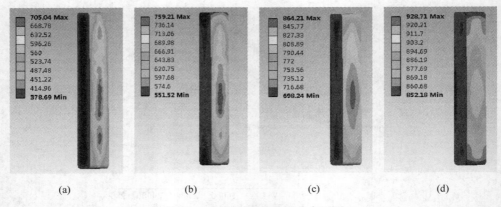

图 6-32　不同时刻的温度分布云图

（a）1500s；（b）14100s；（c）10200s；（d）23700s

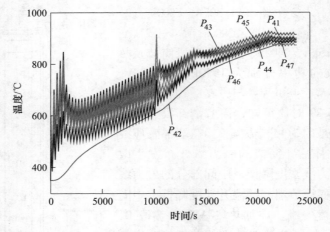

图 6-33　筒节上 $P_{41} \sim P_{47}$ 各点的温升曲线

6.6　不同加热方式下加热效果对比

6.6.1　有限元模型的建立

6.6.1.1　电阻炉加热过程有限元模型

筒节为轴对称模型，如图 6-34 所示，内径为 4796mm，外径为 5830mm，轴向宽度为 3300mm。采用有限元分析软件 Deform 进行温度场模拟，采用轴对称模型四节点单元进行有限元建模，并且根据从表面到心部的不同位置划分大小不同的网格，网格单元数为 10309，节点数为 10715。筒节材料为 2.25Cr1Mo0.25V

钢，其密度、弹性模量、泊松比、比热容、导热系数和热膨胀系数等属性是与温度有关的函数。

6.6.1.2　螺旋形线圈感应加热过程有限元模型

如图 6-35 所示，筒节的螺旋形线圈的感应加热模型为轴对称模型，其中线圈匝数为 33 匝。为了精确模拟感应加热过程中的集肤效应，采用自由网络划分，网络划分时线圈、筒节表面集肤层网络划分较细，空气网络划分较粗，计算模型的总单元数为 608491。

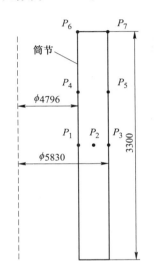

图 6-34　筒节形状及尺寸示意图

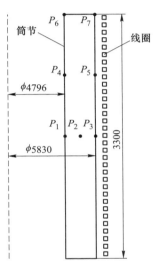

图 6-35　螺旋形线圈有限元模型示意图

6.6.1.3　矩形线圈感应加热过程有限元模型

图 6-36 为矩形线圈感应加热三维模型简图，图 6-37 为筒节单元有限元模型示意图，在筒节端部焊接热处理环，端部线圈下方添加导磁体，能有效防止筒节在感应加热过程中的尖角效应及端部过热问题，其中导磁体的磁导率为 600H/m。计算模型的总单元数为 693284。

6.6.2　加热工艺的确定

对于电阻炉加热过程，筒节加热通常采用阶梯加热来减小加热过程中产生的温差，并且各阶段升温速率都比较小。筒节的正火温度为 940℃，我们模拟的筒节加热工艺如图 6-38 所示。

对于感应加热过程，通过对加热功率的控制来实现筒节的加热过程，如图 6-39 和图 6-40 所示，分别为螺旋形线圈感应器和矩形线圈感应器加热过程的输

图 6-36 大型筒节感应加热三维模型

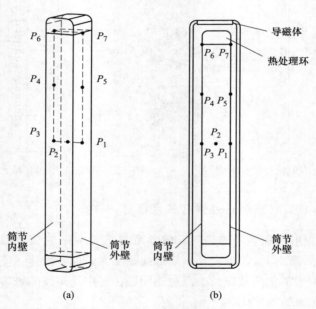

(a)   (b)

图 6-37 矩形线圈有限元几何模型
（a）筒节 1/30 单元示意图；（b）筒节单元中间截面示意图

入功率变化。筒节的加热过程仍然分为四个阶段：加热段 A、均温段 B、加热段 C 和均温段 D。其中加热段 A 和加热段 C 分别以较高的输入功率使筒节表面达到目标温度，均温段 B 和均温段 D 的输入功率则逐步降低，这是为了防止筒节表面达到目标温度后继续上升而产生过热现象。

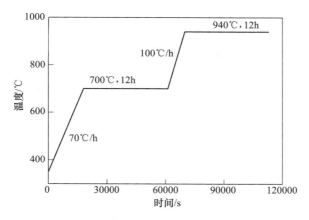

图 6-38 加热工艺曲线

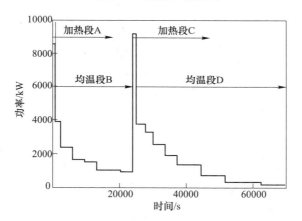

图 6-39 螺旋形线圈感应器功率变化

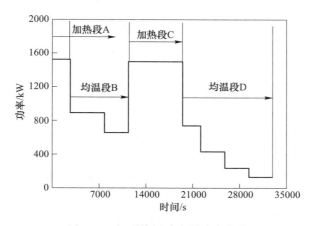

图 6-40 矩形线圈感应器功率变化

6.6.3　模拟结果与分析

图 6-41 为筒节在电阻炉中加热时不同时刻的温度场分布云图，图 6-42 为不同截面处 $P_1 \sim P_7$ 点的温升曲线。由图 6-41 和图 6-42 可知，在加热过程中筒节棱边处 P_6、P_7 点的加热速度较快，且接近于原设定工艺，筒节内表面和外表面上的点 P_1、P_3、P_4、P_6 的加热速度相对较慢，且加热速度较为接近，筒节中心的点 P_2 的温度则明显低于筒节表面和棱边的加热速度，总共经过 31.4h 的加热后达到正火温度 940℃。

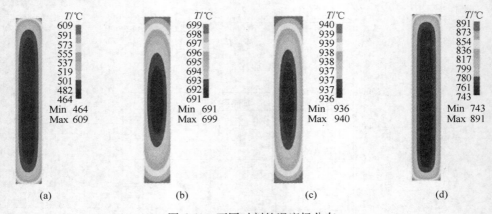

图 6-41　不同时刻的温度场分布

（a）18000s；（b）61200s；（c）69840s；（d）113040s

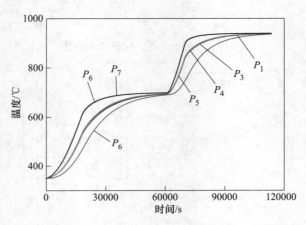

图 6-42　筒节上 $P_1 \sim P_7$ 各点温度随时间变化曲线

图 6-43 为采用螺旋形线圈加热时，筒节在不同时刻的温度场分布云图。图 6-44 为筒节不同截面处 $P_1 \sim P_7$ 点的温升曲线。由图 6-43 和图 6-44 可知，筒节在

感应加热过程中，在均温段 B 和均温段 D，筒节的加热功率逐步降低，筒节外表面因热能过高发生过热现象。

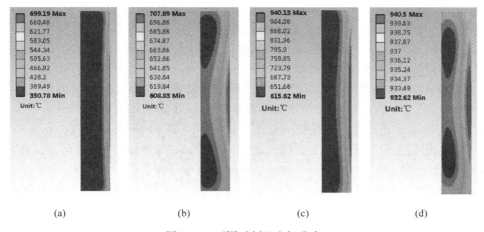

图 6-43 不同时刻温度场分布
（a）685s；（b）23905s；（c）69840s；（d）113040s

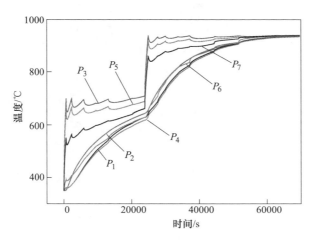

图 6-44 筒节上 $P_1 \sim P_7$ 各点温度随时间变化曲线

由图 6-43 和图 6-44 可知，筒节在加热的初始阶段其外表面温升较快，内表面加热速度缓慢，685s 时外表面温度已达到 699℃，而内表面的温度仍然为350℃。这是因为采用螺旋形线圈加热时，涡电流主要分布在筒节的外表面集肤层，那么加热功率也主要集中在筒节外表面集肤层，筒节外表面温度因此而迅速升高。而筒节的内表面主要通过加热炉内空气的热传导升温，初始阶段空气的温度与筒节温度相同，因而筒节内表面温度基本不变。加热段 A 和加热段 C 的加热速度均较快，而均温段 B 和均温段 D 由于功率的不断降低，加热速度变得缓慢，加热时间也变长。

　　由图 6-41 和图 6-43 对比可知，电阻炉加热的温度场分布更均匀；由图 6-42 和图 6-44 可知，螺旋形线圈感应加热过程，筒节表面与心部的温差更大，开裂风险更高。总体而言，采用螺旋形线圈感应加热时，总加热时间约为 19.3h，相对电阻炉其加热效率有了大幅度的提升。

　　图 6-45 为采用矩形感应器加热时，不同时刻筒节的温度分布云图，图 6-46 为筒节上 $P_1 \sim P_7$ 点的温度变化曲线。在端部感应线圈处添加导磁体后，筒节的磁力线分布发生改变，端部的磁力线密度低于中间部分的磁力线密度，从而筒节端部的温升速度低于中间部分的温升速度。因此，在加热过程中，筒节端部的温度会略低于中间部分的温度。在加热结束时，筒节壁面上 P_1、P_3、P_4 和 P_5 点的温度为 942℃、949℃、935℃、938℃，筒节心部 P_2 温度为 941℃，筒节端部 P_6、P_7 的温度为 942℃、946℃，均在较佳的正火温度范围之内，整体加热效果较好。筒节的最高温度点出现在内壁面次表层，为 951℃，这是由于筒节外表面向外散热，而次表层的温度会因涡电流产生热量继续上升。

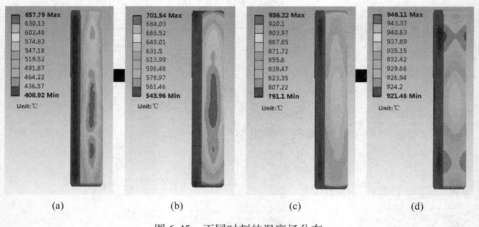

图 6-45　不同时刻的温度场分布
(a) 2700s；(b) 11400s；(c) 19500s；(d) 33000s

　　由图 6-41、图 6-43 和图 6-45 对比可知，采用矩形线圈感应加热时，筒节轴向温度场存在不均匀的现象，这是由于筒节表面中间部分的涡电流密度略高于端部。由图 6-39 与图 6-40 对比可知，两种不同的加热方式下，感应器的加热功率控制方法大致相同，在加热段 A 和加热段 C，感应器的总功率均约为 9000kW，在均温段 B 和均温段 D，螺旋形感应器的加热功率由约 4000kW 逐步降低至约 200kW，六个矩形感应器的总功率由 5400kW 降低至 700kW。可见，在均温阶段，采用矩形线圈感应器加热时，由于筒节内外表面均分布涡电流，其均温段功

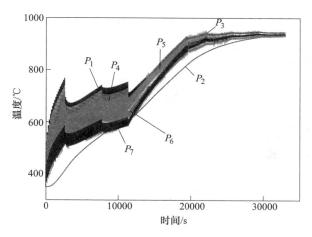

图 6-46   筒节上 $P_1 \sim P_7$ 各点温度随时间变化曲线

率高于螺旋形线圈感应器，因此加热效率也更高。总体而言，采用矩形线圈感应器加热时，其加热效率得到进一步提高，总加热时间为 9.2h。

由图 6-42、图 6-44 和图 6-46 可知，在不同的加热方式下筒节的加热过程中，表面与心部会出现两次最大温差，加热段 A 结束时，出现第一次最大温差，此时筒节整体温度相对较低，心部塑性较差，可能由于温差产生热应力使筒节出现裂纹，此时刻的危险性较大；加热段 C 结束时，出现第二次最大温差，此时筒节整体温度较高，塑性较好，并无太大危害。故我们针对筒节加热过程中出现的第一次最大温差，计算了其热应力，评估了筒节在感应加热过程中的危险性。

图 6-47～图 6-49 分别为采用电阻炉加热、螺旋形线圈加热和矩形线圈加热时，加热段 A 结束后，筒节 P_1、P_4、P_6 截面处内表面到外表面的热应力分布，其中 σ_{eq} 为 Mises 等效应力，σ_z 为轴向应力，σ_r 为径向应力，σ_θ 为切向应力。由图 6-47 可知，采用电阻炉加热时，18000s 时筒节的三个截面的承受的热应力均较小，最大等效应力为 78MPa，远小于筒节材料在此温度下的屈服强度 412～448MPa，因此并无危害。由图 6-48 可知，采用螺旋形线圈加热时，在距离筒节内表面一定范围内热应力较小，而在距离外表面约 40mm 的范围内，筒节的等效应力已经超过 400MPa，最高可达约 698MPa，远超过筒节材料的屈服强度，筒节外表面极有可能发生塑性变形，甚至出现开裂现象，危险性较高。因此在制定工艺时，应适当降低加热段 A 的加热功率，以减小筒节内外表面温差，从而降低外表面热应力。由图 6-49 可知，采用矩形线圈感应加热时，筒节心部等效应力较小，而内外表面较大，P_1 截面、P_4 截面、P_6 截面的在内外表面处的最大等效应力分别为 283MPa、202MPa、169MPa，均在筒节材料的承受范围之内，因此并无太大危害。

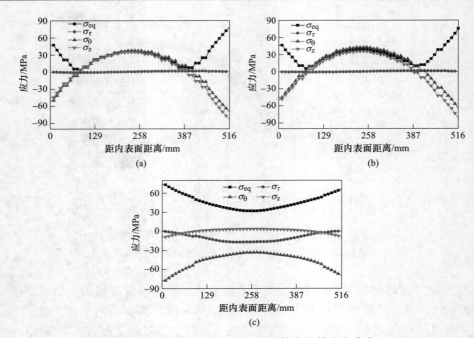

图 6-47　电阻炉加热在 18000s 时筒节的热应力分布

（a）P_1 截面；（b）P_4 截面；（c）P_6 截面

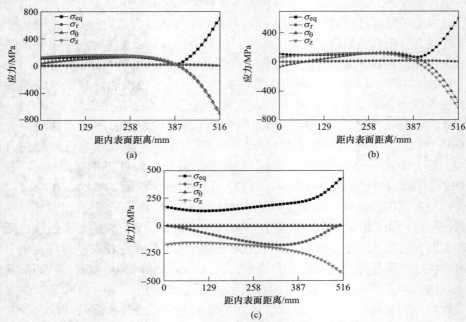

图 6-48　螺旋形感应器加热在 685s 时筒节的热应力分布

（a）P_1 截面；（b）P_4 截面；（c）P_6 截面

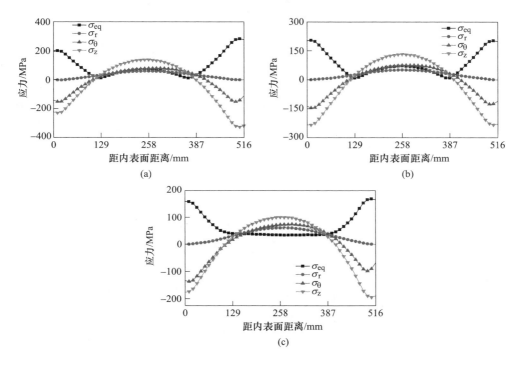

图 6-49 矩形线圈加热在 2700s 时筒节的热应力分布
（a）P_1 截面；（b）P_4 截面；（c）P_6 截面

6.7 大型筒节热处理过程物理模拟试验

感应加热技术能实现大型筒节热处理过程的快速加热，节约能耗，缩短热处理周期，采用感应加热方式的大型筒节热处理工艺具有重要的应用前景。前面章节主要采用数值模拟的方法研究了大型筒节的感应加热过程，而对于该热处理工艺最终的晶粒度和使用性能能否达到标准，以及工艺是否具有可行性都需要通过实验来验证。实际生产中大型筒节的加热为非线性过程，筒节心部的温度无法直接探测。同时，在制定新工艺时，单凭经验有可能使产品的性能不合格，但若进行大量的试验研究，会造成人力、财力的浪费。本章采用数值模拟和物理模拟相结合的方法研究大型筒节感应加热热处理过程的晶粒度变化和最终的力学性能，探讨该工艺的可行性，对实际生产具有重要的指导意义。

6.7.1 试验方案

首先提出大型筒节感应加热的热处理工艺要求，然后按该工艺要求进行有限元模拟，计算出保温时间等参数，提取筒节心部的温度变化曲线，采用小试样在热处理炉中对该温度变化曲线进行物理模拟。这样就能实现在试验室条件下模拟筒节心部热处理过程，在不同的时间点取出试样，最后测定试样的晶粒度和各项力学性能。

试验材料为 2.25Cr1Mo0.25V 钢，化学成分见表 4-1。为了保证试样与筒节轧制后的组织和晶粒大小相似，需要对原始试样进行粗化预处理，预处理工艺为将试样加热至 1200℃保温 10h。试验试样分别为圆棒试样和钢块试样，尺寸分别为 ϕ10mm×10mm 和 60mm×50mm×15mm，如图 6-50 所示。

(a)　　　　　　　　　　　　　　　　(b)

图 6-50　试验试样示意图

（a）圆棒试样；（b）钢块试样

6.7.1.1　加热工艺参数

大型筒节的加热工艺的制定，需要严格控制各加热参数，考虑如何减小加热过程筒节内外表面与心部的温差，以热应力与组织应力，同时控制保温时间既要保证材料的充分奥氏体化，又要防止奥氏体晶粒的长大。我们选用的加热方式为阶梯加热方式，其在加热过程中的工艺参数有低温均温段、低温升温段的加热速度，中温均温段、中温均温后的加热速度以及各均温段的均温时间等。

入炉温度：由于大型筒节材料的合金元素含量高、体积大，一般要求入炉时的炉温在 300~400℃并保温一段时间，这样可以减小温差，防止内应力过大造成裂纹。

低温升温段的加热速度：此阶段筒节材料处于弹性状态，温差过大会增加筒节的开裂风险，因而此阶段的加热速度不宜过高，一般小于 70℃/h。

　　中温均温段：此阶段的保温温度一般在相变点 A_{c1} 以下，2.25Cr1Mo0.25V 钢一般在 700℃ 左右。中温均温段可以减小筒节内外表面与心部的温差，并为后续的奥氏体化作准备。此阶段不仅能避免较大的组织应力，而且能防止材料在奥氏体化温度区停留过长时间而导致晶粒粗大。

　　中温均温后的加热速度：由于中温均温段使筒节的心表温差降低得很小，同时在此温度下材料的塑性较好，因此可以适当提高此阶段的加热速度，不仅不会产生太大的危害，而且还会起到细化晶粒的作用。

　　均温保温段：此阶段的目的是使筒节心部的温度也达到奥氏体化温度，并完成奥氏体转变，奥氏体均匀化。奥氏体转变需要一定的时间完成形核、长大和碳化物溶解等几个过程。保温时间不宜过长也不宜过短，时间太短会导致奥氏体化不充分，影响后续冷却过程的组织转变，而时间太长又会导致奥氏体晶粒粗大，因此需要确定合适的保温时间。保温时间可以通过经验公式确定，工厂一般根据有效截面尺寸来计算，例如每 100mm 保温 0.8~1h，但随着计算机技术的发展，采用有限元模拟的方法计算保温时间将更加科学。

6.7.1.2　正火温度及正火次数

　　大型筒节的正火次数与工件的尺寸大小、热加工状态以及粗晶混晶程度有关，目前对于厚度为 517mm 的大型筒节轧后热处理的正火次数研究较少，正火次数可选择一次或两次，对于 2.25Cr1Mo0.25V 钢的正火温度一般选择为 940℃。

6.7.1.3　冷却工艺参数

　　大型筒节轧制后以及正火后的冷却方式通常为自然空冷或鼓风空冷，由于筒节的壁厚很大，冷却时间较长，达到数十小时，而淬火冷却通常在淬火水槽中进行，但水槽冷却的冷却能力有限，导致性能热处理过程的组织转变不充分，因此也有一些厂家在研究筒节的喷淋冷却方式，我们选用喷淋冷却作为筒节的淬火冷却方式。2.25Cr1Mo0.25V 钢大型筒节的空冷过程是将正火后的工件吊入空气中冷却，使其表面冷却至 300℃ 左右，再将筒节吊入到 350℃ 的炉内保温，直到筒节温度分布均匀。空冷时间和喷淋冷却时间可以通过数值模拟计算得到。

6.7.2　数值模拟结果

　　图 6-51 为筒节空冷过程不同时刻温度场分布示意图，图 6-52 为 P_1~P_7 各点温度随时间变化曲线，由图可知，空冷 15h 后，筒节心部温度达到 315℃，棱边处冷却速度较快，内外表面次之，心部冷却速度较慢。结合第 4 章的筒节感应加热过程和电阻炉加热过程的模拟结果，提取筒节感应加热-正火（空冷）和电阻炉加热-正火（空冷）过程，筒节上各点 P_1~P_7 的温度变化曲线如图 6-53 和图 6-54 所示。

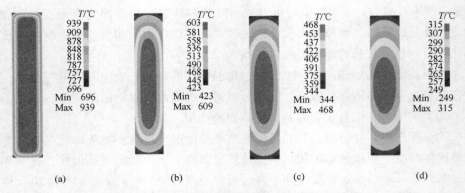

图 6-51 筒节空冷过程不同时刻温度场分布示意图

（a）960s；（b）17160s；（c）29160s；（d）54000s

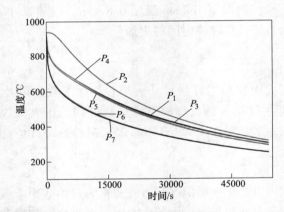

图 6-52 筒节空冷过程 $P_1 \sim P_7$ 各点温度随时间变化曲线

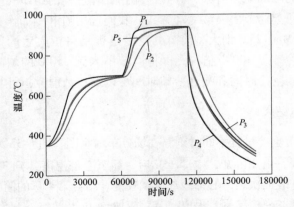

图 6-53 电阻炉加热-正火筒节不同位置温度随时间变化曲线

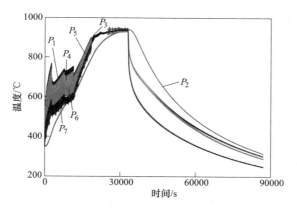

图 6-54　感应加热-正火筒节不同位置温度随时间变化曲线

图 6-55 为筒节淬火（喷水冷却）过程不同时刻温度场分布示意图，图 6-56

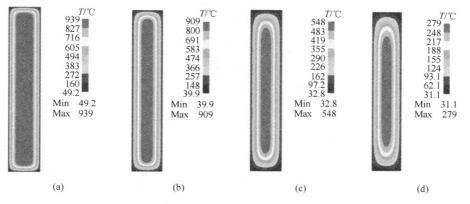

(a)　　　　　　　　(b)　　　　　　　　(c)　　　　　　　　(d)

图 6-55　筒节淬火过程不同时刻温度场分布示意图

（a）600s；（b）1200s；（c）3600s；（d）6000s

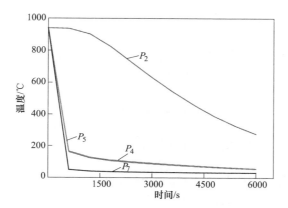

图 6-56　筒节淬火过程各点温度随时间变化曲线

为各点温度随时间变化曲线，由图可知，淬火（喷水冷却）6000s 后，筒节心部温度达到 278℃，棱边和内外表面的冷却速度较快，均已达到环境温度。

6.7.3　物理模拟

传统的热处理工艺为正火（940℃）+淬火（940℃）+回火（690℃），我们探讨的感应热处理工艺将传统热处理工艺中的加热过程由电阻炉加热替代为感应加热。通过数值模拟得到筒节电阻炉加热-正火、电阻炉加热-淬火、感应加热-正火和感应加热-淬火过程中的温度变化，选取筒节心部的温度变化曲线在热处理模拟炉中进行物理模拟。由数值模拟结果可知，筒节的加热过程时间较长，如电阻炉加热过程长达 47h，由于 700℃ 以下的加热过程不发生相变，对晶粒度的演变和最终的力学性能没有影响，因此为了节约时间，提升实验效率，将 700℃ 以下的加热时间缩短为 1h。调整后，模拟炉中的正火工艺将按照图 6-57 所示进行。

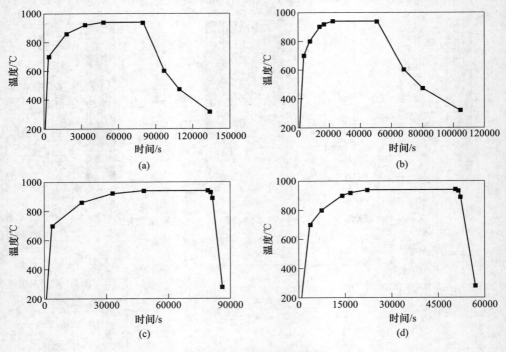

图 6-57　物理模拟工艺曲线
(a) 电阻炉加热-正火物理模拟；(b) 感应加热-正火物理模拟；
(c) 电阻炉加热-淬火物理模拟；(d) 感应加热-淬火物理模拟

我们一共设计了六组试样进行物理模拟，便于更全面地观察试样在热处理过程中的晶粒演变，以及更好地利用多次正火物理模拟试验。将试样分别标记为试样 A、试样 B（试样 A 和试样 B 为钢块试样）、试样 1、试样 2、试样 3 和试样

4（试样 1~4 为圆棒试样）。其中，试样 A 和试样 B 用于测定传统热处理工艺和感应热处理工艺后的力学性能，试样 1、试样 2、试样 3 和试样 4 分别用于测定电阻炉加热正火、电炉加热正火+淬火、感应加热正火和感应加热正火+淬火的晶粒度。按照图 6-58 所示的步骤安排进行试样的放置于取出。

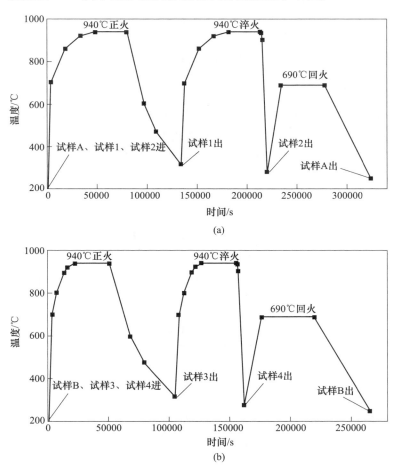

图 6-58　试样进出模拟炉安排示意图
（a）传统热处理工艺；（b）感应热处理工艺

6.7.4　试验方法与结果分析

6.7.4.1　晶粒尺寸的测量

将热处理后的试样从中间切开，经过镶嵌、研磨和抛光后，放入温度为 70℃左右的饱和苦味酸水溶液（添加适量的海鸥洗发膏）腐蚀 60s 左右，显示其原奥氏体晶界，在金相显微镜下观察晶粒大小。晶粒尺寸及晶粒度的测量参考 GB/T 6394—2002 标准，采用截点法计算平均截距 l，在根据下列公式计算平均晶粒度级别数 G 和平均晶粒直径 d：

$$G = -6.644\lg l - 3.288 \qquad (6-95)$$

$$d = \sqrt{4/\pi} \cdot l \qquad (6-96)$$

式中　l——平均截距长度，mm。

晶粒尺寸分布由直径在一定范围内的晶粒数量除以总晶粒数量得到。

6.7.4.2　室温拉伸试验

利用线切割在热处理后的试样上加工出如图 6-59 所示尺寸的拉伸试样，然后在 Inspect 100 table 拉伸试验机上进行室温拉伸试验，最后根据拉伸试验数据计算材料的屈服强度、抗拉强度、伸长率和断面收缩率。

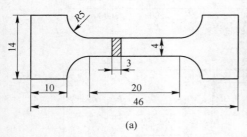
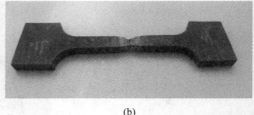

(a) (b)

图 6-59　拉伸试样示意图

（a）试样尺寸示意图；（b）拉伸后试样

6.7.4.3　-30℃夏比冲击试验

利用线切割在热处理后的试样中切出如图 6-60 所示尺寸的 U 型缺口冲击试样。利用液氮和温度及将无水乙醇调配至-30℃左右，将冲击试样放入无水乙醇

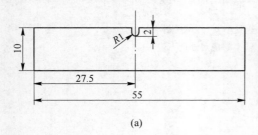

(a) (b)

图 6-60　U 型缺口冲击试样示意图

（a）试样尺寸示意图；（b）冲击后试样

中，并保温 15min 左右。随后取出试样，并迅速将试样放入冲击试验机上进行冲击试验，记录实验结果。试样取出后应在较短的时间内完成冲击试验，避免试样温度发生变化，影响试验结果。

6.7.4.4 试验结果

试样 1、试样 2、试样 3 和试样 4 经历了不同的热处理工艺，物理模拟后所得到的晶粒度如图 6-61 所示。试样 1 为电炉加热正火，晶粒尺寸为 57μm，晶粒度为 5.3 级。试样 2 为电阻炉加热正火+淬火，晶粒尺寸为 34μm，晶粒度为 6.8 级。试样 3 为感应加热正火，晶粒尺寸为 56μm，晶粒度为 5.4 级。试样 4 为感应加热正火+淬火，晶粒尺寸为 32μm，晶粒度为 7.0 级。试样 1 和试样 3 均只进行了一次正火，晶粒度均未达到生产要求的 6 级，且晶粒大小不均匀。试样 2 和试样 4 进行了正火+淬火工艺，晶粒度均达到了生产要求的 6 级，且晶粒大小较

(a)　　　　　　　　　　　　　　　(b)

(c)　　　　　　　　　　　　　　　(d)

图 6-61　不同工艺下物理模拟后的试样晶粒尺寸观察图

（a）电阻炉加热正火；（b）感应加热正火；（c）电阻炉加热正火+淬火；（d）感应加热正火+淬火

均匀。同时，由物理模拟结果可知，在电阻炉加热条件下和感应加热条件下，晶粒度区别不大，说明感应加热虽然提高了加热速度，但还不足以对晶粒度的细化产生影响。

大型筒节热处理后的使用要求为：拉伸力学性能达到 $R_m = 585 \sim 760\text{MPa}$、$R_{p0.2} \geqslant 415\text{MPa}$、$A \geqslant 18\%$、$\psi \geqslant 54\%$，$-30℃$ 夏比冲击吸收功 $A_{KU} \geqslant 54\text{J}$。测得试样 A 和试样 B 的力学性能如表 6-6 所示。由检测结果可知，试样 A 和试样 B 的力学性能均能满足筒节材料使用要求，且各项力学性能均相近。

表 6-6　试样 A 和试样 B 的力学性能检测结果

项　目	屈服强度 $R_{p0.2}/\text{MPa}$	拉伸强度 R_m/MPa	伸长率 $A/\%$	收缩率 $\psi/\%$	冲击功 A_{KU}/J
性能指标	415	585~760	18	54	54
试样 A	512	603	20.1	61.5	115
试样 B	520	622	19.8	60.2	122

综上所述，我们采用基于感应加热的大型热处理工艺，经小试样物理模拟后，各项力学性能检测结果满足要求，具有一定的可行性，有待进一步的工业试验验证。

本章建立了大型筒节热处理数值模拟过程中所涉及的电磁场、温度场、应力场和组织场的多场耦合数学模型，研究了大型筒节 2.25Cr1Mo0.25V 钢连续加热过程中的奥氏体化相变动力学。设计了大型筒节感应加热炉装置，并基于有限元软件模拟了筒节感应加热过程。针对感应加热过程尖角效应问题，提出了三种解决方案，其中采用矩形线圈感应器加热时，加热效率最高，且加热效果较好，热应力也在筒节材料的承受范围之内。对筒节的传统热处理过程和感应加热热处理过程进行了物理模拟，测得筒节心部的晶粒演变以及最终的力学性能。

第7章 大型筒节喷射冷却和快速热处理技术探讨

<<<<<<<<<<<<<<<<<<<<<<<<<<<<<<<<<<<<<<<<<<<<<<<<<<<<<<<<<<<<<<<<<<<

7.1 大型筒节喷射冷却基本理论

虽然筒节轧制工艺可以一定程度上提高筒节产品质量和生产效率，但是筒节在热轧过程中产生热变形，增大了变形奥氏体向铁素体转变的温度，限制了晶粒细化，致使筒节力学性能下降。所以，其后续的筒节热处理工艺就显得尤为关键。大型筒节轧后热处理工艺通常是正火加回火，性能热处理工艺通常是淬火加回火，大型筒节正火冷却通常采用空冷的方式，淬火冷却通常采用水槽深冷的方式。通过控制冷却工艺可以控制冷却过程中的组织演变和最终性能，若选择合适的冷却方式控制冷速，就可以改善其冷却均匀性、细化铁素体晶粒、提高筒节力学性能。而常规的冷却装备工艺存在诸多不利因素：冷却设备庞大，不易实施；冷却能力不足、淬透性差，致使产品质量低；加热火次多，能耗大，致使生产周期长、生产效率低等。因此，开发减少加工工序、降低生产成本、保证大型筒节性能的冷却热处理工艺符合筒节高效生产的要求，是实现大型筒节短流程制造的重要途径。喷射冷却技术是射流冲击冷却换热的一种，有较强的冷却能力，能提高冷却速度。喷射冷却和空冷控时冷却组合，能够一定程度上控制冷却速度，在提高热处理效率的同时可保证其产品质量，符合现代工业节能环保的生产理念。因此，基于喷射冷却技术的热处理工艺可作为实现未来筒节高效制造成形的重要手段。

7.1.1 导热基本原理

导热是由于物体本身或相互接触的物体之间存在温差而引起热量传递的现象。因此，导热现象的发生是源于温度梯度的存在。一般地，导热现象的规律遵循傅里叶定律，具体表达式为

$$q = -\lambda \cdot \mathrm{grad}T \tag{7-1}$$

式中　$\mathrm{grad}T$——某点的温度梯度，℃/m；

$\quad\quad q$——热流密度，$\mathrm{J/(m^2 \cdot s)}$；

$\quad\quad \lambda$——热导率，$\mathrm{W/(m \cdot ℃)}$。

根据传热学描述，固态热传导过程可以采用傅里叶定律，又由于筒节的壁厚尺寸较大，其组织转变释放或吸收的能量远小于钢的淬火冷却过程所释放或吸收

的能量，所以本文忽略相变潜热问题。大型筒节属于轴对称零件，非稳态傅里叶
导热方程在三维柱坐标系下可以表示为

$$\lambda \left(\frac{\partial^2 T}{\partial r^2} + \frac{1}{r} \frac{\partial T}{\partial r} + \frac{\partial^2 T}{\partial z^2} \right) = \rho c_P \frac{\partial T}{\partial t} \qquad (7\text{-}2)$$

式中　　λ ——材料导热系数，W/(m · ℃)；

T ——工件的瞬态温度，℃；

c_P ——材料的比热容，J/(kg · ℃)；

ρ ——材料的密度，kg/m^3；

r ——沿径向的坐标，m；

z ——沿轴向的坐标，m；

t ——冷却过程进行的时间，s。

对于大型筒节冷却过程温度场的求解，首先应该给出筒节初始时刻的温度分
布，即温度场求解的初始条件。本文近似认为筒节冷却初始温度分布均匀，初始
条件的表达式为

$$T \big|_{t=0} = T_0 \qquad (7\text{-}3)$$

式中　　T_0 ——筒节的初始温度，℃。

边界条件是指导热物体边界上温度和其与周围的换热情况，对于大型筒节冷
却过程中的边界条件，具体可以分为以下三类：

第一类边界条件，工件的表面温度是已知条件，为时间的函数，而热流密度
和温度梯度是未知条件，其表达式为

$$T_s = T_w(x, r, t) \qquad (7\text{-}4)$$

式中　　$T_w(x, r, t)$ ——已知的工件表面温度，℃。

第二类边界条件，工件表面的热流密度是已知条件，而表面温度是未知条
件，其表达式为

$$-\lambda \frac{\partial T}{\partial n} \bigg|_s = q_w(x, r, t) \qquad (7\text{-}5)$$

式中　　$q_w(x, r, t)$ ——工件表面的热流密度，J/(m^2 · s)；

s——物体的边界范围。

第三类边界条件，环境温度 T_c 和工件与冷却介质之间的换热系数 h 都是已
知条件。其表达式为

$$-\lambda \frac{\partial T}{\partial n} \bigg|_s = h(T_w - T_c) \qquad (7\text{-}6)$$

式中　　h ——综合对流换热系数，W/(m^2 · ℃)；

T_w ——工件的表面温度，℃；

T_c ——冷却介质温度，℃。

7.1.2　对流换热系数模型

换热系数的影响因素有很多，大型筒节的冷却介质为水和空气，不同的冷却方式下，对流换热系数也不同。换热系数是温度场计算的必要参数，对模拟的准确性和真实性起着关键的作用。

7.1.2.1　空冷换热系数模型

在筒节空冷过程中，由于其壁厚较大，需要较长的冷却时间，筒节表面会产生较厚的氧化层，大大减缓了工件与外界的热传递，为了准确求解空冷换热系数，通常对实际测得的数据拟合。综合考虑辐射换热和自然对流换热，得到空冷换热系数的经验公式

$$h_k = h_f + h_d \tag{7-7}$$

式中　h_d——自然对流换热系数，$W/(m^2 \cdot ℃)$；

　　　h_f——辐射换热系数，$W/(m^2 \cdot ℃)$；

　　　h_k——空冷对流换热系数，$W/(m^2 \cdot ℃)$。

由玻耳兹曼定律可求出辐射换热系数 h_f，其表达式为

$$h_f = \frac{\sigma \varepsilon (T_w^4 - T_a^4)}{T_w - T_a} = \sigma \varepsilon (T_w^2 + T_a^2)(T_w + T_a) \tag{7-8}$$

式中　σ——玻耳兹曼常数，其数值为 $5.67×10^{-8}$，$W/(m^2 \cdot ℃^4)$；

　　　ε——筒节表面的辐射率，本书的数值为 $\varepsilon = 0.85$；

　　　T_w——工件的表面温度，$℃$；

　　　T_a——环境温度，$℃$。

自然对流换热系数 h_d 由下式计算

$$h_d = 2.15(T_w - T_a)^{0.25} \tag{7-9}$$

7.1.2.2　喷射冷却换热系数模型

大型筒节喷射冷却的特点是：一定压力的冷却水、较小的喷嘴口径以保证喷出的水流有足够大的冲击力，能够击破筒节表面的蒸气膜，并且相对较大的喷水流量，充分保证了单位时间内有更多的冷却水与筒节直接接触，提高了换热效率。

喷射冷却换热系数的大小与水流密度、喷水压力和喷射角度等因素密切相关。如图 7-1 所示，喷嘴调节到与筒节内外表面一定的距离，然后高压水以一定的角度喷射到筒节壁面上，高压水射流可以击破蒸汽膜，使冷却水与筒节表面直接接触，提高了换热效率。

许多学者研究了工件在不同条件下的喷射冷却换热系数，但很难全面的考虑

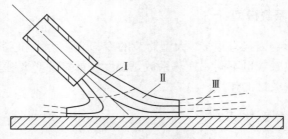

图 7-1 喷射冲击壁面水流分布图

Ⅰ—自由射流；Ⅱ—滞止流；Ⅲ—壁面射流

各种因素。大型筒节的喷射冷却中，对流换热系数主要受水流密度、喷射压力、喷射角度和工件表面温度影响，可表示为

$$h_w = f(q_w, p, \theta, T_w) \tag{7-10}$$

式中 h_w——喷射冷却对流换热系数，$W/(m^2 \cdot ℃)$；

q_w——水流密度，$L/(min \cdot mm^2)$；

p——喷水压力，MPa；

θ——喷射角度，rad；

T_w——工件的表面温度，$℃$。

如果不考虑各个因素之间的相互影响，Vladimr 通过实验得出了相对换热系数与各参数之间的关系，张永振将数据进行了拟合，得到了喷射冷却对流换热系数公式：

$$\begin{aligned}
h_w = {} & 4.2663h_0 \times q_w^{0.5228} \times p^{0.2551} \times (-9.8765 \times 10^{-9}\theta^5 + 2.7325 \times 10^{-6}\theta^4 - \\
& 0.0003\theta^3 + 0.0133\theta^2 - 0.2692\theta + 2.67) \times (4.6 \times 10^{-17}T_w^6 - 1.1985 \times \\
& 10^{-13}T_w^5 + 8.9368 \times 10^{-11}T_w^4 + 8.6713 \times 10^{-9}T_w^3 - \\
& 3.513 \times 10^{-5}T_w^2 + 0.0112T_w - 0.1321)
\end{aligned} \tag{7-11}$$

式中 h_0——初始换热系数，$W/(m^2 \cdot ℃)$，我们取 $h_0 = 12000$。

7.1.2.3 水槽深冷换热系数模型

将大型筒节置于盛满水的淬火槽中，发生的热交换即为过冷沸腾换热。在以水为淬火介质时，厚壁管类工件与介质之间的换热系数的表达式为

$$h_c = 1070 + 50.5837\Delta T - 0.135684\Delta T^2 + 1.3177 \times 10^{-4}\Delta T^3 - 4.44495 \times 10^{-8}\Delta T^4 \tag{7-12}$$

式中 ΔT——工件表面温度与冷却介质温度之差，$℃$；

h_c——水槽深冷对流换热系数，$W/(m^2 \cdot ℃)$。

7.1.3 组织冷却转变曲线

在大型筒节冷却过程中，除了保证厚度截面温度均匀性外，对厚度截面性能均匀性的控制也十分关键，因此，要充分了解材料的相变过程，了解冷却工艺与组织性能之间的关系，并以此为依据，对冷却工艺进行模拟研究。为合理地控制冷却工艺，本节给出了大型筒节材料 2.25Cr1Mo0.25V 钢的等温转变曲线（TTT曲线）和连续冷却转变曲线（CCT 曲线）。

7.1.3.1 等温转变曲线

等温转变曲线是了解奥氏体转变的组织类型及转变量与时间、温度之间的关系的基础。图 7-2 是 2.25Cr1Mo0.25V 钢的 TTT 曲线，从奥氏体化温度开始冷却至 890~800℃并长时间保温后得到奥氏体和铁素体的混合组织；当由奥氏体化温度开始冷却至 800~670℃并长时间保温后会得到奥氏体、铁素体和珠光体的混合组织；而如果实验钢由奥氏体化温度以较高的冷速冷却至 580~430℃并短时间保温，会开始生成贝氏体，随着保温时间的增加，贝氏体转变量会慢慢增多；如果实验钢由奥氏体化温度以非常快的冷却速度迅速冷却至 $M_s \sim M_f$ 会开始生成马氏体组织，随着保温时间的延长，马氏体转变量会慢慢增多，部分来不及转变的过冷奥氏体会保留下来成为残余奥氏体。

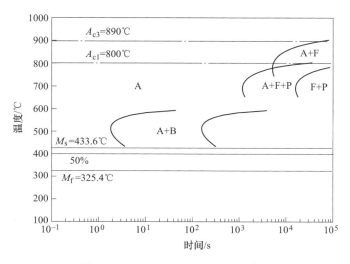

图 7-2　2.25Cr1Mo0.25V 钢 TTT 曲线

7.1.3.2 连续冷却转变曲线

材料的连续冷却转变曲线直观地反映了奥氏体转变的组织类型与冷速的关

系，2.25Cr1Mo0.25V 钢的 CCT 曲线如图 7-3 所示，从图中可以看出，试验钢奥氏体化后的冷速不同，得到的组织构成就不同。2.25Cr1Mo0.25V 钢的 CCT 曲线图中有三个相区：先共析铁素体相区、贝氏体相区和珠光体相区。当奥氏体化后的冷速小于 0.03℃/s 时，冷却后获得先共析铁素体和珠光体的混合组织；当冷速为 0.03~0.5℃/s 时，冷却后获得贝氏体、铁素体和珠光体的混合组织；当冷速为 0.5~10℃/s 时，冷却后主要获得贝氏体组织，还有少量马氏体；当冷速为 10~100℃/s 时，冷却后的微观组织为贝氏体和马氏体；当冷速大于 100℃/s 时，冷却后获得完全马氏体组织。

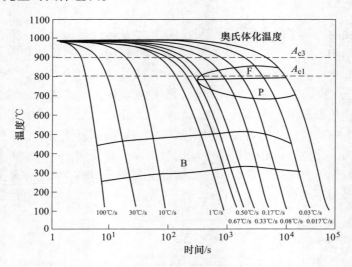

图 7-3　2.25Cr1Mo0.25V 钢 CCT 曲线

7.2　大型筒节喷射冷却装置设计及冷却过程模拟

7.2.1　大型筒节喷射冷却装置的设计

大型筒节的喷射冷却装置由外壳、集流喷射单元、上封板、分流阻尼板、导水板、压紧板、冷却小车、承重台、底座等组成，其二维结构示意图如图 7-4 所示，底座为环形平板，在底座内环设有承重台，筒节竖直放置于承重台上。在底座的上表面设有若干滑轨，滑轨呈圆周分布，并指向筒节圆心，冷却小车沿滑轨滑动。冷却小车车身可相对车座转动一定角度，致使喷嘴中心线与筒节径向可成一定角度。冷却装置均布在筒节内壁和外壁，内外壁冷却同时进行。筒节外壁冷却和筒节内壁冷却分别由沿圆周均匀分布的不同数量的相同结构的冷却小车构成。在冷却小车的外壳内设有两个隔板，两个隔板把冷却小车外壳的内部分出三个竖直排布的冷却水层，在每个冷却水层上均设有一个进水口。外壳的内部由内

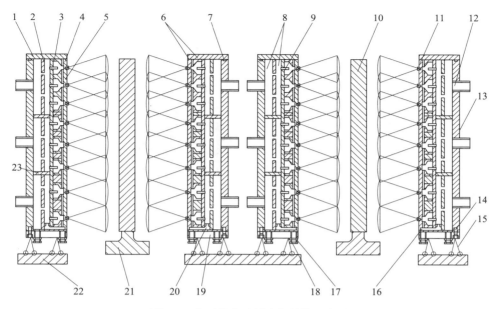

图 7-4　大型筒节喷射冷却结构示意图

1—上封板；2—分流阻尼板；3—导水板；4—稳流层壁板；5—耐火喷嘴安装板；6—第一 O 形密封圈；
7—第二 O 形密封圈；8—冷却水层；9—导水柱；10—筒节；11—圆锥喷嘴；12—进水口；13—外壳；
14—螺栓 A；15—冷却小车；16—螺栓 B；17—压紧螺栓；18—螺母；19—压紧板 A；
20—压紧板 B；21—称重台；22—底座；23—隔板

向外依次设有分流阻尼板、导水板、集流喷射单元，各个分流阻尼板之间设有分流水口，各个导水板之间设有导水柱。集流喷射单元为圆环形结构，从内到外依次为稳流层壁板、耐火喷嘴安装板和喷嘴，稳流层壁板为内腔外宽内窄的环状漏斗形。如图 7-5 所示为局部喷射结构示意图，每个导水柱的中心线与稳流层壁板环形内腔的中心线之间有一定角度，导水板和稳流层壁板通过固定连接在一起，稳流层壁板的出口与喷嘴的进水口紧密压靠，喷嘴竖直布置安装在耐火喷嘴安装板上，每个集流喷射单元布置多个喷嘴，布置形式是竖直布置、从上到下是由密到疏。由上到下竖直排布的所有集流喷射单元为 1 组，每个冷却小车冷却部分含 1 组集流喷射单元，每个喷嘴对应一个稳流层壁板所构成的环形内腔。在外壳、分流阻尼板、导水板和喷嘴安装板的上端设有矩形上封板，下端通过压紧板 A 和压紧板 B 固定。图 7-6 筒节冷却系统简图，其中调压阀可以在一定范围内调节喷射压力，流量计可以监测系统流量，冷却水经处理系统可以循环利用。

　　冷却时，把冷却小车沿导轨置于距筒节合适的距离范围内，调整喷嘴与筒节径向的角度。由高压泵站供水，冷却水经调压阀调压和流量计监测选择合适的工作压力（0.1~1MPa）；具有一定压力的冷却水经冷却小车进水口到冷却水层，

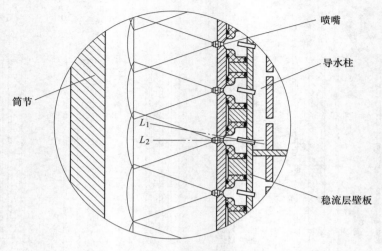

图 7-5　局部喷射结构示意图

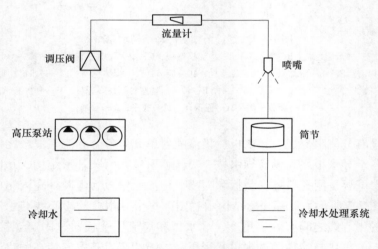

图 7-6　大型筒节冷却系统简图

并充满冷却水层，再由导水柱进入稳流层壁板形成的环形腔蓄水、稳流，最后冷却水由喷嘴喷射向筒节表面对筒节进行冷却。

该喷射冷却装置的设计考虑了诸多益处：（1）设置了多个供水管层，可以减弱因重力因素带来的供水压力的失衡；（2）设置了分流阻尼板，每个分流阻尼板有若干个分流水口，对强压水起阻尼和均匀分配的作用，保证进入每个集流喷射单元的水流均匀稳定，为每个喷嘴的均匀出水提供条件；（3）导水板上设置了若干个导水柱，具有一定压力的水以一定角度高速进入稳流层壁板形成的漏斗形腔体内，在与稳流层壁板的撞击下形成高速的旋转紊流，由于因为稳流层壁板接近外宽内窄的漏斗形，可以延长水流的停留时间，并辅助高速旋转的紊流向稳流状态过渡，稳流层壁板到喷嘴安装板喷嘴口处由外向内宽度逐渐变小，可以使喷射出的水具有螺旋向前的趋势，从而使冷却水沿筒节壁流经长度相对较长，水流充分被利用，很大程度上节约了生产成本；（4）高压冷却水可以击破筒节壁上的蒸汽膜，使冷却水与筒节壁充分接触，实现了更多的核沸腾换热，提高了冷却速率；（5）筒节内外壁可以同时进行冷却，在快速冷却的同时保证一定的冷却均匀性。

考虑到大型筒节的尺寸特征，本装置选用喷射面积范围广的圆锥形喷嘴，设喷嘴的锥角为 α，喷嘴直径为 d，系统水流密度为 q_s；设筒节内外壁喷嘴的数量分别为 n_1 和 n_2；由于筒节曲率小，可把喷射到筒节表面的水域看成圆面，设喷射到筒节表面的直径为 d_0，设内外壁喷嘴距筒节内外壁表面的距离相等，都为 L；设筒节的内外半径分别为 r、R，高为 H。单喷嘴内外壁喷射轮廓如图 7-7 所示。

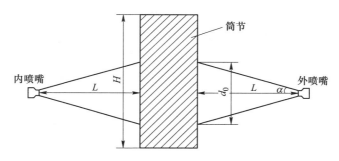

图 7-7　单喷嘴内外壁喷射示意图

在喷射冷却过程中，由能量守恒原则

$$E = C \cdot q_m \cdot \Delta T \tag{7-13}$$

式中　E——筒节内外表面单位时间的散热量，W；

　　　C——冷却介质的比热容，J/(kg·℃)；

　　　q_m——喷射系统流量，m^3/s；

　　　ΔT——筒节表面温度与冷却介质的温差，℃。

在筒节冷却过程中，由内外表面热流密度相等原理得

$$\frac{E_1}{S_1} = \frac{Cq_1\Delta T}{S_1} = \frac{E_2}{S_2} = \frac{Cq_2\Delta T}{S_2} \tag{7-14}$$

式中　E_1，E_2——筒节内外表面单位时间内的散热量，W；

　　　S_1，S_2——筒节内外表面的面积，m^2；

　　　q_1，q_2——筒节内外表面喷射介质流量，m^3/s。

上式中，近似内外表面温度相等。

筒节内外表面喷射的介质流量 q_1、q_2 分别为

$$q_1 = \frac{1}{4}\pi d^2 \cdot q_s \cdot n_1 \tag{7-15}$$

$$q_2 = \frac{1}{4}\pi d^2 \cdot q_s \cdot n_2 \tag{7-16}$$

筒节内外表面面积 S_1、S_2 分别为

$$S_1 = \pi r^2 \tag{7-17}$$

$$S_2 = \pi R^2 \tag{7-18}$$

由式（7-13）~式（7-18）推导得出筒节内外表面布置的喷嘴数量比为

$$\frac{n_1}{n_2} = \frac{r^2}{R^2} \tag{7-19}$$

根据冷却装置结构的设计思想，单个冷却小车上喷嘴个数应满足

$$n_0 > \frac{H}{d_0} \tag{7-20}$$

式中 n_0——单个冷却小车上的喷嘴个数；

d_0——喷射到筒节表面的等效直径，m。

再由几何关系

$$d_0 = 2L\tan\frac{\alpha}{2} \tag{7-21}$$

可得单个冷却小车上喷嘴个数应满足

$$n_0 > \frac{1}{2}\frac{H}{L}\arctan\frac{\alpha}{2} \tag{7-22}$$

由流量相等原则得

$$\frac{1}{4}\pi d^2 \cdot q_s = \frac{1}{4}\pi d_0^2 \cdot q_s' \tag{7-23}$$

式中 q_s'——筒节表面等效水流密度，$m^3/(s \cdot mm^2)$。

由式（7-21）和式（7-23）推导出系统水流密度和筒节表面等效水流密度的关系式为

$$\frac{q_s}{q_s'} = 4\frac{L^2}{d^2}\left(\tan\frac{\alpha}{2}\right)^2 \tag{7-24}$$

7.2.2   大型筒节喷射冷却过程有限元模型

我们筒节选用的材料是 2.25Cr1Mo0.25V 钢，材料的密度、弹性模量、泊松比、比热容、导热系数和热膨胀系数可见前述章节。

由于大型筒节整个冷却过程十分复杂，为方便高效计算需对模型进行简化，并做如下假设：（1）筒节材料各向同性；（2）筒节初始温度分布均匀；（3）基

于冷却装置结构中喷嘴上密下疏的设计思想，可假设喷射冷却过程中筒节表面水流密度分布均匀；（4）筒节为轴对称零件，其截面的形状及温度分布具有对称性。

模拟筒节的尺寸为：内径 4796mm，外径 5830mm，宽 3700mm，基于上述基本假设，为节省计算时间，提高工作效率，取筒节 1/12 单元的三维模型模拟喷射冷却过程。如图 7-8 所示，为筒节单元的截面图。

我们应用 ANSYS Workbench 软件的瞬态热分析模块 Transient Thermal 和结构静力学模块 Static Structural 进行筒节冷却过程的热-力耦合模拟分析。首先依据冷却的结构和工艺参数设置温度场的初始条件和边界条件，并进行温度场的模拟计算；然后将温度场的求解结果作为载荷约束进行应力场的模拟计算。

网格的疏密程度对模拟结果具有决定性影响。为了使计算结果更加准确，网格尽量划分的细小均匀，但是过密的网格会加大计算量，我们选择六面体网格作为基本单元，由于六面体单元的计算精度要高于四面体单元，这样可以在不加大计算量的前提下，保证计算的精确度。图 7-9 是筒节单元的六面体网格，将筒节单元划分成 3018 个网格，节点数为 15019。

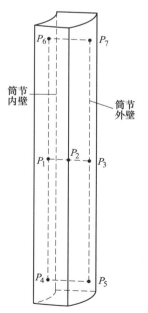
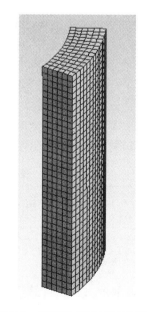

图 7-8　筒节冷却单元几何模型　　　图 7-9　筒节冷却单元网格模型

大型筒节喷射冷却数值模拟的初始条件包括，筒节初始温度、环境温度、冷却水温，具体数值见表 7-1。

表 7-1　初始条件参数　　　　　　　　　　　　　　　　　　　　　　（℃）

筒节初始温度 T_w	环境温度 T_a	冷却水温 T_c
940	22	50

　　大型筒节喷射冷却过程的数值模拟计算边界条件主要是温度场边界条件的计算。换热边界条件采用第三类边界条件，包括筒节与冷却水的对流换热和环境的空冷换热，需对它们的对流换热系数进行计算。

　　喷射冷却换热系数受冷却结构参数的影响，采用的大型筒节喷射冷却装置的冷却结构参数如表 7-2 所示。

表 7-2　冷却结构参数

水流密度 q_s /L · (min · mm²)⁻¹	喷嘴直径 d/mm	喷嘴与筒节壁面间距 L/mm	喷嘴锥角 α/(°)	喷水压力 P/MPa	喷射角度 θ/(°)
0.6	20	250	30	0.4	90

　　由式（7-11）和式（7-24）计算得大型筒节喷射冷却对流换热系数数学模型为

$$h_w = 1.066h_0 \times \left[\frac{q_s d^2}{L^2 \left(\tan\frac{\alpha}{2} \right)^2} \right]^{0.5228} \times p^{0.2551} \times (-9.8765 \times 10^{-9}\theta^5 + 2.7325 \times$$

$$10^{-6}\theta^4 - 0.0003\theta^3 + 0.0133\theta^2 - 0.2692\theta + 2.67) \times (4.6 \times 10^{-17}T_w^6 -$$

$$1.1985 \times 10^{-13}T_w^5 + 8.9368 \times 10^{-11}T_w^4 + 8.6713 \times$$

$$10^{-9}T_w^3 - 3.513 \times 10^{-5}T_w^2 + 0.0112T_w - 0.1321) \tag{7-25}$$

　　为模拟计算方便，我们对喷射冷却对流换热系数采用分段取平均值的方式，表 7-3 为计算得出的各个温度段的喷射冷却换热系数。

表 7-3　喷射冷却换热系数

温度/℃	900	800	700	600	500	400	300	200
h_w/W · (m² · ℃)⁻¹	775	732	862	972	1429	2314	3342	3830

　　整理式（7-7）~式（7-9），可得筒节空冷的对流换热系数公式

$$h_k = 2.15(T_w - T_a)^{0.25} + \sigma\varepsilon(T_w^2 + T_a^2)(T_w + T_a) \tag{7-26}$$

采用分段取值方式，计算空冷换热系数数值如表 7-4 所示。

表 7-4　空冷换热系数

温度/℃	900	800	700	600	500	400	300	200
h_k/W · (m² · ℃)⁻¹	46.3	37.7	29.3	22.8	17.9	13.4	10.3	8.4

7.2.3 大型筒节冷却工艺制定

大型轧锻件热处理时的冷却工艺是决定产品最终性能很关键的一步。大型筒节的性能主要取决于组织，而组织决定于冷却工艺，所以在制定筒节冷却热处理工艺时，应从性能—组织—冷却工艺这个思路进行。由于冷速的大小对组织转变有决定性影响，所以大型筒节冷却工艺制定的关键是如何保证一定的冷速来控制所需组织的转变，同时考虑冷却过程的温差热应力防止热应力过大使筒节发生变形。

大型筒节壁厚很厚，为使冷却尽量均匀，我们采用间隙喷射的冷却方式，在设定好喷射冷却结构参数的基础上，通过控制喷射与空冷的时间来实现筒节的冷却过程。依据前面章节提供的筒节材料的 TTT 曲线和 CCT 曲线，将冷却过程分为八个阶段，如图 7-10 所示：冷却段 A、均温段 a、冷却段 B、均温段 b、冷却段 C、均温段 c、冷却段 D 和均温段 d。其中：

（1）冷却 A 段采用间隙喷射冷却的方式使筒节表面层降低到珠光体转变区以下温度（692℃左右），但时间不能过长，以避免温差过大使筒节发生开裂。均温 a 段自然空冷，目的是利用温差使筒节心部继续冷却，这个过程中，筒节表面会回温，尽量使筒节表面回升温度不超过回火温度为限（690℃左右）。

（2）冷却 B 段继续喷射冷却，这段时间可以稍长些，使筒节心部温度降到珠光体转变区以下温度。均温 b 段自然空冷，缩小因冷却 B 段表面降温而与心部增加的温差，但时间不宜过长。

（3）冷却 C 段继续喷射冷却，均温 c 段自然空冷，目的是使筒节心部快速冷却到上贝氏体转变区以下温度（500℃左右）。

（4）冷却 D 段继续喷射冷却，使其进入下贝氏体转变区。均温 d 段自然空冷，时间要长一些，使温差缩小，使组织转变有充分的时间。冷却结束后，筒节表面温度要降到 300 左右，心部温度要降到马氏体转变温度以下（433.6℃左右）。

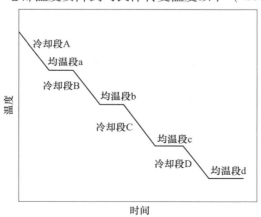

图 7-10　筒节喷射冷却过程简图

7.3　大型筒节喷射冷却工艺参数优化

7.3.1　正交试验设计

正交试验是研究多因素多水平的一种试验设计方法。它是指在试验过程存在多因素、多变量的情况下，从所研究的变量中取出一部分有代表性的点来进行实验，具有快速性、高效性和经济性的特点。

考虑水流密度、喷射压力、喷射角度和冷却段喷射与间隙时间比这四个因素对筒节冷却过程的影响，为使结果具有说服力，对每一种因素分别取了三个水平。若是按照全面试验要求，需要进行 $3^4 = 81$ 组试验，才能得到每种因素下每种变量的实验结果。

7.3.1.1　正交试验的目的和指标

我们正交试验的目的是分析水流密度、喷射压力、喷射角度和冷却段喷射与间隙时间比这四个因素对筒节冷却过程的影响，通过分析其影响规律，得出最佳的冷却工艺。

筒节厚度方向的冷却均匀性是衡量冷却能力的一个重要指标，取冷却过程中筒节心部与内外壁面温度均值的最大温差 $\Delta T_m(P_{1-3})$ 为均匀性指标；同时需要考虑冷却过程中热应力的变化，所以将整个冷却时间内产生的最大热应力 σ_{max} 作为应力指标；将整个冷却过程所用时间 t 作为冷却速率指标。

7.3.1.2　正交试验因素水平表

我们考虑了水流密度、喷射压力、喷射角度和四个冷却段喷射与间隙时间比这四个因素对筒节冷却过程的影响，其中水流密度有 $q_s = 0.6$ L/(min·mm^2)、$q_s = 1.2$ L/(min·mm^2)、$q_s = 1.8$ L/(min·mm^2) 三种水平；喷射压力有 $P = 0.2$ MPa、$P = 0.4$ MPa、$P = 0.8$ MPa 三种水平；喷射角度有 $\theta = 45°$、$\theta = 60°$、$\theta = 90°$ 三种水平；四个冷却段喷射与间隙时间比有 $K = 1:2$、$K = 1:3$、$K = 1:4$ 三种水平。按照上述整理成因素水平表如表 7-5 所示。

表 7-5　因素水平表

喷射与间隙时间比 K	喷射压力 P/MPa	水流密度 q_s /L·(min·mm^2)$^{-1}$	喷射角度 θ/(°)
1 : 2	0.2	0.6	45
1 : 3	0.4	1.2	60
1 : 4	0.8	1.8	90

7.3.1.3 正交表

正交表就是正交试验所选择的水平组合列成的表格，正交试验就是利用正交表来进行试验的。正交表是依据试验因素及其水平的多少以及各因素之间的交互作用来选择的，同时尽可能选用较小的正交表以减少试验次数。

通常情况，正交表中水平的个数应该与试验因素的水平的个数相等，因素的个数要小于或等于正交表的列数。在不考虑各因素之间交互作用的情况下，针对本文水流密度、喷射压力、喷射角度和冷却段喷射与间隙时间比这四个因素，每个因素有三个水平，选择 $L_9(3^4)$ 正交表来进行试验。

7.3.1.4 试验方案

对照 $L_9(3^4)$ 正交表，把表中每个水平数字替换为该因素的实际水平值，就得到了正交试验方案。表 7-6 所示为正交表安排的模拟方案。

表 7-6 正交试验设计方案

试验编号	时间比	喷射压力/MPa	水流密 /L·(min·mm²)⁻¹	喷射角度/(°)
1	1:2	0.2	0.6	45
2	1:2	0.4	1.2	60
3	1:2	0.8	1.8	90
4	1:3	0.2	1.2	90
5	1:3	0.4	1.8	45
6	1:3	0.8	0.6	60
7	1:4	0.2	1.8	60
8	1:4	0.4	0.6	90
9	1:4	0.8	1.2	45

7.3.2 正交试验计算结果及分析

按照表 7-6 的正交试验设计方案进行模拟，计算结束后提取试验结果。采用极差分析法研究了不同试验因素对试验各个指标的影响程度和各个指标随不同试验因素的变化趋势，得到四个因素的最优水平组合。

按照表 7-6 的正交试验设计方案进行模拟计算，模拟结束后，提取相关温度、应力、时间等数据计算 $\Delta T_m(P_{1-3})$、σ_{max} 和 t 三个试验指标的值，具体计算结果如表 7-7 所示。

表 7-7　各个试验指标的计算结果

试验编号	$\Delta T_m(P_{1\text{-}3})$ /℃	σ_{max} /MPa	t /s
1	260	270	6960
2	288	305	5240
3	357	463	4150
4	246	235	6170
5	336	415	4480
6	265	278	5780
7	287	294	5130
8	220	186	7120
9	294	302	4970

　　我们采用极差分析法对各个试验指标的计算结果进行分析，首先需要计算 K_i 和 R 的值。K_i 为某一因素在同一水平之下试验指标之和的平均值，通过 K_i 的大小能够找到各个因素的优水平和优组合。R 为各因素的极差，依据 R 的值，可以判断不同因素对试验指标的影响程度的大小，$R = \text{Max}(K_i) - \text{Min}(K_i)$。表 7-8 所示为各因素对应的 K_i 和 R 的值。

表 7-8　正交试验结果分析表

试验指标		时间比	喷射压力	水流密度	喷射角度
$\Delta T_m(P_{1\text{-}3})$ /℃	K_1	301.7	264.3	248.3	296.7
	K_2	282.3	281.3	276	280
	K_3	267	305.3	326.7	274.3
	R	34.7	41	78.4	22.4
σ_{max} /MPa	K_1	346	266.3	244.7	329
	K_2	309.3	302	280.7	292.3
	K_3	260.7	347.7	390.7	294.6
	R	85.3	81.4	146	36.7
t /s	K_1	5450	6086.7	6620	5470
	K_2	5476.7	5613.3	5460	5383.3
	K_3	5740	4966.7	4586.7	5813.3
	R	290	1120	2033.3	430

　　各因素对指标的影响程度与计算得到的极差值 R 的大小有关，R 值越大，说明该因素水平的变化对试验指标的影响效果越显著，说明该因素越重要。通过对表 7-8 R 值的分析比较，得出各因素对各个指标的影响程度大小关系见表 7-9。

表 7-9 因素影响程度大小关系

试验指标	因素的影响程度大小
$\Delta T_m(P_{1\text{-}3})$	水流密度>喷射压力>时间比>喷射角度
σ_{max}	水流密度>时间比>喷射压力>喷射角度
t	水流密度>喷射压力>喷射角度>时间比

以各因素的水平为横坐标，以表 7-8 中的 K_i 值为纵坐标，绘制各个指标随不同因素水平变化的趋势图，以此分析试验指标与因素水平变化的关系。

（1）各因素对温度均匀性的影响。图 7-11～图 7-14 分别为筒节冷却温度均匀性指标随 4 个因素变化的趋势图。由图 7-11 可知，喷射与间隙时间比值越大，筒节心部与表面温差越大，不利于温度均匀性；图 7-12 表示，在一定范围内，筒节心部与表面的温差随着喷射压力的增大而变大，温度越不均匀；图 7-13 表示，随着水流密度的增大，温差程增大趋势，温度均匀性变差；由图 7-14 可知，筒节心部与表面温差随着喷射角度的变大会减小，有利于温度均匀性。

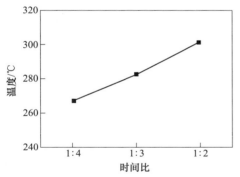

图 7-11 均匀性随时间比的变化关系

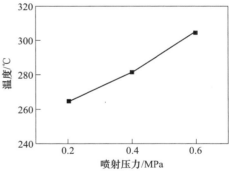

图 7-12 均匀性随喷射压力的变化关系

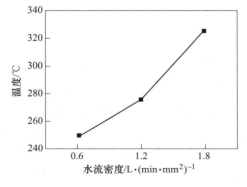

图 7-13 均匀性随水流密度的变化关系

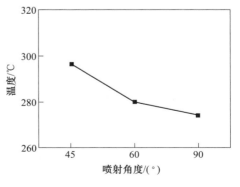

图 7-14 均匀性随喷射角度的变化关系

（2）各因素对热应力的影响。图 7-15～图 7-18 分别为筒节热应力指标随 4 个因素变化的趋势图。图 7-15 表示，随着喷射与间隙时间比值的增大，热应力随之增大；由图 7-16 可知，随着喷射压力的增加，热应力的值逐渐变大，在一定范围内基本呈线性增加的趋势；由图 7-17 可知，随着水流密度的增加，热应力有增大趋势，且增大趋势比较明显；由图 7-18 可知，热应力先是随着喷射角度的增大而减小，然后又转向缓慢增大，但整体热应力变化幅度较小。

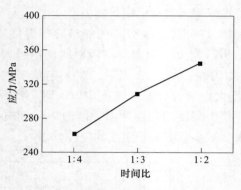

图 7-15　热应力随时间比的变化关系

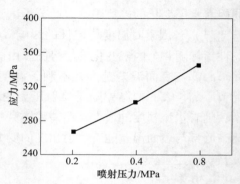

图 7-16　热应力随喷射压力的变化关系

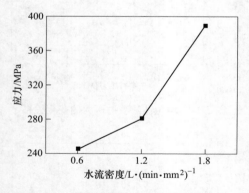

图 7-17　热应力随水流密度的变化关系

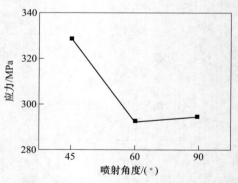

图 7-18　热应力随喷射角度的变化关系

（3）各因素对冷却时间的影响。图 7-19～图 7-22 分别为筒节冷却时间随 4 个因素变化的趋势图。由图 7-19 可知，随着喷射与间隙时间比值的变大，筒节冷却时间逐渐减小，但变化幅度并不明显。由图 7-20 可知，筒节冷却时间随着喷射压力的增大而逐渐减小，变化幅度较大。图 7-21 表示，随着水流密度的增加，筒节冷却时间有减小的趋势，且减小趋势比较明显；图 7-22 表示，随着喷射角度的增大，筒节冷却时间先减小后增大，变化幅度不大。

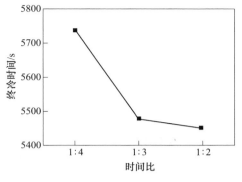

图 7-19　冷却时间随时间比的变化关系　　图 7-20　冷却时间随喷射压力的变化关系

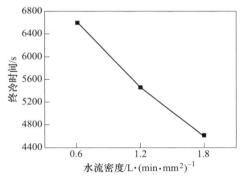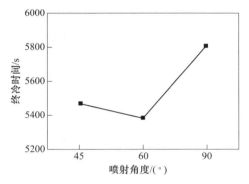

图 7-21　冷却时间随水流密度的变化关系　　图 7-22　冷却时间随喷射角度的变化关系

　　作为筒节冷却均匀性好坏的重要衡量标准，温度均匀性指标 $\Delta T_m(P_{1\text{-}3})$ 的值应该越小越好；作为筒节冷却过程中冷却安全性的评判标准，热应力指标 $\sigma_{\max}$ 的值应该越小越好；作为筒节冷却速率的考量，冷却所用时间 t 的值应该越小越好。因此，使得指标最小的水平为该因素对该试验指标的优水平。各个因素对试验指标的优水平组合如表 7-10 所示。

表 7-10　各指标的最优组合

试验指标	时间比	喷射压力/MPa	水流密度 /L·(min·mm²)⁻¹	喷射角度/(°)
$\Delta T_m(P_{1\text{-}3})$	1:4	0.2	0.6	90
$\sigma_{\max}$	1:4	0.2	0.6	60
t	1:2	0.8	1.8	60

　　由于以上三个试验指标分析得出的各因素最优水平组合不一样，所以需要根据

每个因素对指标影响程度大小的顺序综合考虑，来确定对所有指标整体而言的最优组合，最终结果为：时间比 1：3、喷射压力 0.4MPa、水流密度 1.2L／（min·mm²）、喷射角度 60°。

7.3.3　不同冷却方式下冷却效果仿真模拟

7.3.3.1　快速冷却工艺与水槽深冷工艺

对于快速冷却过程，以上面得到的各因素的最优水平组合为基础得到的喷射快速冷却工艺如图 7-23 所示。在各冷却结构参数最优组合的基础上，通过控制各冷却段和均温段的时间来实现筒节的冷却过程。筒节的冷却过程仍然分为八个阶段：冷却段 A、均温段 a、冷却段 B、均温段 b、冷却段 C、均温段 c、冷却段 D 和均温段 d。其中冷却段 A～D 采用间隙喷射冷却的方式，均温段 a～d 采用空冷的方式。冷却 A 段使筒节表面层降低到珠光体转变区以下温度，同时要保证均温段 a 使筒节表面回升温度不超过筒节材料的回火温度；冷却段 B 时间较长，使筒节心部温度降到珠光体转变区以下温度，同时均温段 b 时间较长以缩小筒节心部与表面的温差；冷却段 C 和均温段 c 时间较短，以控制上贝氏体转变区的快速通过；冷却段 D 和均温段 d 相对较长，以控制下贝氏体和马氏体的充分转变，同时保证冷却达到目标温度后的均匀性，有利于进一步的回火。

对于水槽深冷过程，通过将筒节浸没在深水槽中来实现筒节与冷却介质的热交换，达到冷却的目的。筒节淬火冷却温度 940℃，终冷温度 300℃，冷却工艺如图 7-24 所示。

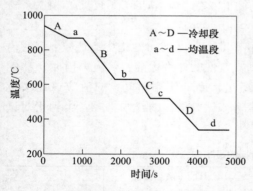

图 7-23　喷射快速冷却工艺曲线

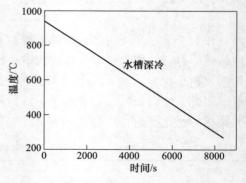

图 7-24　水槽深冷工艺曲线

7.3.3.2　温度场分析

图 7-25（a）～（d）为优化后筒节喷射冷却不同时刻的温度场分布云图，图 7-26 为筒节不同截面处 P_1～P_7 点温降曲线和筒节厚度方向 $T/4$、$T/5$ 处的温降曲

线。由图 7-26 可知,冷却开始后,筒节表面温度迅速降低,而筒节心部温度下降十分缓慢,筒节外表面三个节点 P_3、P_5、P_7 和筒节内表面三个节点 P_1、P_4、P_6 的温度变化趋势一致,呈波浪形变化,都有四个迅速降温阶段和四个回温阶段,且冷却速度较快;在筒节厚度方向由表面到心部有明显的温降速率梯度,在 $T/5$ 处有相对较快的冷速且回温现象不明显;筒节中心的点 P_2 冷却初始时温度基本保持不变,后随着筒节表面与心部温差的增大,其温降速度也逐渐增大,其温降速率在不同的阶段也有不同,可满足其在冷却阶段的不同温度段的组织转变过程。如图 7-25(d)所示,冷却到 4820s 时筒节心部与表面达到终冷温度要求,冷却过程结束。

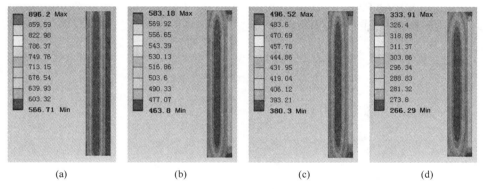

图 7-25 不同时刻温度场分布云图
(a) 640s;(b) 2440s;(c) 3260s;(d) 4820s

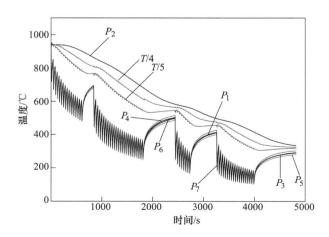

图 7-26 筒节上 $P_1 \sim P_7$ 各点温度随时间变化曲线

图 7-27(a)~(d)为筒节水槽深冷不同时刻的温度场分布云图,图 7-28 为

筒节不同截面处 $P_1 \sim P_7$ 点的温降曲线和筒节厚度方向 $T/4$、$T/5$ 处的温降曲线。
由图 7-28 可知，冷却开始后，筒节表面温度也由于与冷却水的直接接触而迅速
降低，而筒节心部在很长一段时间内温度基本不变，1000s 左右筒节中心的点 P_2
的温度开始有了较为明显的下降，且随着时间的变化，其温度的下降的速率呈小
幅度渐渐增大再小幅度渐渐变小的趋势；筒节表面 P_1、P_3、P_4、P_5、P_6、P_7 点
的冷却初始温度下降速度剧烈，并随着冷却的进行，温降速度逐渐变慢；筒节厚
度方向的温降速度由外到内逐渐变小，且 $T/4$、$T/5$ 处的冷速整体变化不明显；
随着冷却的进行，P_1、P_3 两点的温降比 P_4、P_5、P_6、P_7 点的温降速度慢，这是
由于水槽深冷使筒节上下两个端面的冷却速率加快，以至于 P_4-P_5 和 P_6-P_7 两个
截面的冷却速率较 P_1-P_3 截面快。如图 7-27（d）所示，8400s 左右筒节达到终冷
温度要求，冷却过程结束。

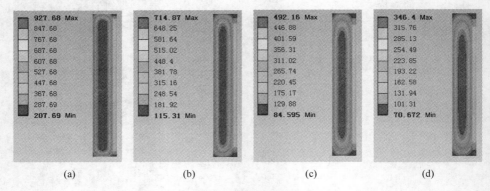

图 7-27　不同时刻温度场分布云图

（a）1250s；（b）3750s；（c）6250s；（d）8400s

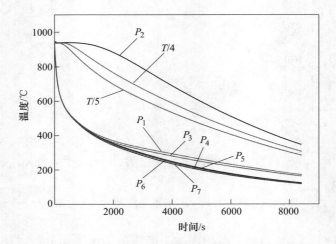

图 7-28　筒节上 $P_1 \sim P_7$ 各点温度随时间变化曲线

综上所述,由图 7-25 和图 7-27 对比可知,优化后喷射冷却的温度场分布比水槽深冷的温度场分布更加均匀;由图 7-26 和图 7-28 对比可知,筒节的水槽深冷过程,筒节心部与表面的温差更大,发生开裂变形的风险更大;由图 7-26 和图 7-28 中 P_2 的温度变化曲线可知,喷射冷却过程对其冷却速率的影响更加有利于组织转变的进行;从冷却过程总体而言,采用喷射冷却时耗时约为 4820s,而水槽深冷约为 8400s,节省将近一半的时间。

7.3.3.3　热应力分析

图 7-29(a)和(b)分别为喷射冷却和水槽深冷过程中筒节心部与壁面最大温差随时间的变化曲线,由图 7-29(a)和(b)可知,喷射冷却过程中筒节心部与壁面最大温差的最大值出现在 1300s 左右,水槽深冷过程中筒节心部与壁面最大温差的最大值出现在 1800s 左右,所以本文分别对这两个时刻筒节的热应力进行了计算,评估了冷却过程中的危险性,同时对终冷时的热应力进行了计算,分析了冷却效果。

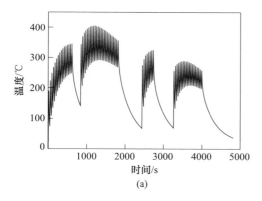
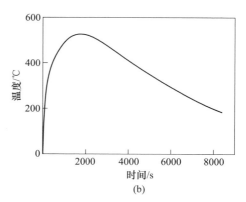

(a)　　　　　　　　　　　　　　　(b)

图 7-29　筒节心部与壁面最大温差随时间变化曲线
(a)喷射冷却;(b)水槽深冷

图 7-30(a)和(b)分别为喷射冷却过程 1300s 和 4820s 时,筒节 P_1-P_3、P_4-P_5 和 P_6-P_7 所在水平截面处内表面到外表面的热应力分布,图 7-31(a)和(b)分别为水槽深冷过程 1800s 和 8400s 时,筒节 P_1-P_3、P_4-P_5 和 P_6-P_7 所在水平截面处内表面到外表面的热应力分布。其中 σ_{1-3}、σ_{4-5}、σ_{6-7} 分别代表 P_1-P_3、P_4-P_5 和 P_6-P_7 截面的等效应力。由图 7-30(a)可知,喷射冷却过程 1300s 筒节内外表面的最大等效应力为 320MPa,心部最大等效应力为 192MPa,均在筒节材料的承受范围之内,对比图 7-31(a)可知,水槽深冷 1800s 时筒节心部最大等效应力约为 260MPa,没有安全风险,而在筒节内外表面处,筒节的等效应力已接近 500MPa,达到了材料的屈服强度,筒节表面可能会有塑性变形

风险。由图 7-30 （b）和图 7-31 （b）对比可知，喷射冷却中筒节内外表面和心部最大等效应力分别 48MPa 和 36MPa，而水槽深冷时筒节内外表面和心部最大等效应力分别 219MPa 和 114MPa，说明喷射冷却结束时筒节的热应力更小，冷却效果更好。

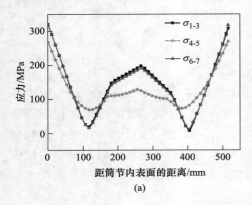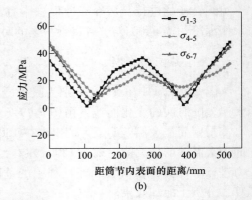

图 7-30 筒节喷射冷却的热应力分布
（a）1300s；（b）4820s

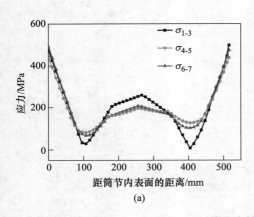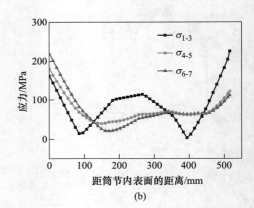

图 7-31 筒节水槽深冷的热应力分布
（a）1800s；（b）8400s

7.4 大型筒节快速热处理工艺路线研究

7.4.1 大型筒节快速热处理工艺的制定

大型筒节的快速热处理工艺是感应加热工艺和快速冷却工艺联合的热处理技术，如图 7-32 所示。感应加热工艺设有两个台阶对大型筒节进行保温，其中第一个台阶处设为 760℃ （居里点温度），第二个台阶处可将保温温度设置为

920℃，考虑到在大型筒节从感应加热设备向喷射冷却设备转移过程中存在热损失，因此将第二个台阶设置为960℃。此外，考虑到大型筒节在冷却前期存在相变潜热现象使得筒节心部温度在一定时间内居高不下，因此可以将大型筒节的二次保温时间适当缩短，使得大型筒节表面达到奥氏体均匀化即可，而心部奥氏体均匀化可以利用冷却前期产生的相变潜热来实现，这样既可以节约加热时间，提高热处理效率，又可以降低能耗。

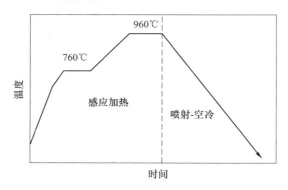

图 7-32　大型筒节快速热处理工艺曲线

大型筒节经过加热保温达到奥氏体化之后，被移到大型筒节喷射冷却装置进行冷却。冷却工艺是决定产品最终性能很关键的一步，大型筒节冷却过程采用喷射-空冷交替冷却工艺，如图7-33所示。采用这种冷却工艺可以使大型筒节的冷却速率介于水冷和空冷之间，且通过调节各次水冷和空冷时间，即可控制大型筒节件的冷却速度。钢的性能主要决定于结构和组织，而对于一定成分的某种钢，其组织决定于冷却工艺，所以在制定大型筒节热处理工艺时，应从性能—组织—冷却工艺这个思路进行。由于冷速的大小对组织转变有决定性影响，所以大型筒节冷却工艺制定的关键是对冷却速率的控制。

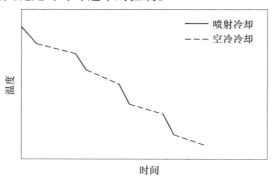

图 7-33　大型筒节喷射冷却工艺曲线

大型筒节的冷却过程亦存在"集肤效应"，即喷射冷却只能快速冷却大型筒节的表面，而筒节心部的温度需要通过向筒节表面进行热传导而实现降温，所以在大型筒节冷却过程中空冷冷却时间要长于喷射冷却时间，通过控制喷射与空冷的时间来实现对大型筒节的冷却过程的控制，从而得到理想的热处理效果。依据筒节材料的 TTT 曲线（如图 7-34 所示）和 CCT 曲线（如图 7-35 所示），在大型筒节喷射—空冷交替冷却过程中要注意以下几点：

（1）冷却开始后，首先采用喷射冷却的方式使筒节表层降低到珠光体转变区以下温度（692℃左右），但喷射冷却时间不能过长，避免心部和表面的温差过大而使的筒节发生开裂。然后进行空冷冷却的方式利用表面和心部的温差使筒节心部继续冷却，在这个过程中，筒节表面会回温，为了尽量使筒节表面回升温度不超过回火温度为限（690℃左右），因此空冷时间也不宜过长。

（2）在大型筒节喷射—空冷冷却前期，由于存在相变潜热，大型筒节心部会降温缓慢，因此喷射冷却和空冷冷却的时间比要选的大一点，这样可以防止因大型筒节心部和表面的温差过大而产生过得的热应力而使得筒节在冷却过程中出现开裂现象。

（3）当冷却过程中的相变潜热变现象减弱之后，喷射冷却和空冷冷却的时间比可以适当减小，即增大大型筒节的空冷时间，目的是使大型筒节心部快速冷却至上贝氏体转变区以下温度（500℃左右）。

（4）大型筒节喷射—空冷冷却结束后，筒节表面温度要降到 300℃左右，心部温度要降到马氏体转变温度以下（433.6℃左右）。

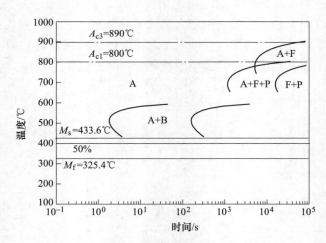

图 7-34   2.25Cr1Mo0.25V 钢的 TTT 曲线

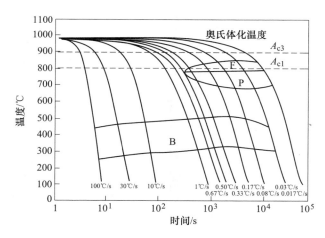

图 7-35　2.25Cr1Mo0.25V 钢的 CCT 曲线

由图 7-35 可知，大型筒节奥氏体化后的冷却过程中，冷却速率不同，得到的组织结构也不同：当冷速小于 0.03℃/s 时，冷却后获得先共析铁素体和珠光体的混合组织；当冷速为 0.03~0.5℃/s 时，冷却后获得贝氏体、铁素体和珠光体的混合组织；当冷速为 0.5~10℃/s 时，冷却后主要获得贝氏体组织，还有少量马氏体；当冷速为 10~100℃/s 时，冷却后的微观组织为贝氏体和马氏体；当冷却速率大于 100℃/s 时，冷却后获得完全马氏体组织。

7.4.2　大型筒节快速热处理仿真模拟

大型筒节的快速热处理过程分为感应加热和喷射—空冷交替冷却，仿真路线为：首先将大型筒节通过感应加热至 960℃ 使大型筒节进行奥氏体均匀化，然后将大型筒节移至喷射冷却装置内进行喷射—空冷交替冷却，使大型筒节快速冷却至相变温度点。

7.4.2.1　大型筒节感应加热工艺路线仿真

图 7-36 是感应加热过程不同时刻筒节温度分布云图，图 7-37 是筒节 $P_1 \sim P_7$ 各点温度随时间变化曲线。由图 7-36（a）所示，首先通过感应加热将大型筒节以一定的速度加热至 650℃，再在以一定的速度将大型筒节加热至 760℃（居里点温度）。之所以不直接将大型筒节一次性加热至 760℃，是防止大型筒节因内外温差突然增大而产生巨大的热应力而使大型筒节出现破裂现象。然后采用电阻加热对大型筒节进行保温，此处保温时间可以较长，这样既可以减小大型筒节的心部和表面的温差，又可以使大型筒节表面达到居里点温度的透入深度增大，从而达到感应加热的居里点效应，降低接下来的感应加热二次升温至目标温度后的

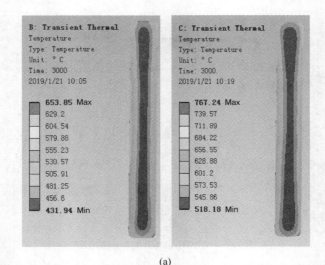

(a)

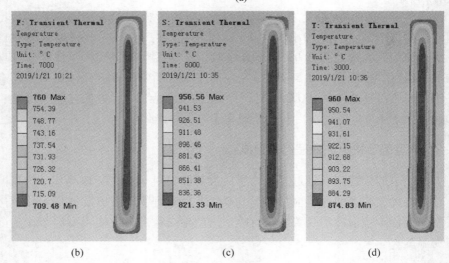

(b)　　　　　　　　　　　(c)　　　　　　　　　　　(d)

图 7-36　感应加热过程不同时刻筒节温度分布云图
（a）第一次感应升温 ；（b）第一次电阻加热保温；（c）第二次感应升温；（d）第二次电阻加热保温

　　心部和表面的温差，如图 7-36（b）所示。最后采用感应加热方式对大型筒节进行二次升温，如图 7-36（c）所示，待大型筒节的温度达到奥氏体化温度后，再次通过电阻加热进行保温，如图 7-36（d）所示，此时保温时间可以不必太长，只需大型筒节表面部分达到完全奥氏体化即可，因为在后续喷射冷却前期大型筒节存在相变潜热，在这个过程中大型筒节的心部温度反而有所升高，因此心部可以通过相变潜热来实现奥氏体均匀化。由图 7-37 所示，二次升温过程中大型筒节的温升速率由表面到心部从高到低分布，由第 2 章可知，由于感应加热过程中，大型筒节的心部和表面的温升速率不同，所以感应加热完成后大型筒节的表面和心部允许存在温度梯度。

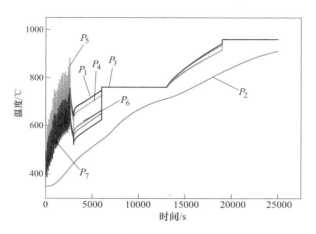

图 7-37 筒节 $P_1 \sim P_7$ 各点温度随时间变化曲线

7.4.2.2 大型筒节喷射-空冷冷却工艺路线仿真

图 7-38 是大型筒节转移过程中的温度分布云图。如图所示，在大型筒节从感应加热保温装置向喷射冷却装置转移过程中，大型筒节表面在产生热损失的同时向大型筒节的心部进行热传导。通过图 7-38 可以发现，大型筒节完成转移之后其心部温度可以升至 900℃，达到了大型筒节心部的奥氏体化温度。

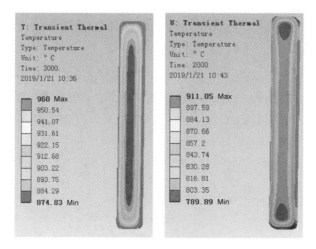

图 7-38 大型筒节转移过程温度云图

　　大型筒节转移至喷射冷却装置之后，开始进行喷射—空冷交替冷却过程。在大型筒节喷射—空冷交替冷却初期，大型筒节先进行喷射冷却使大型筒节表面迅速降至相变温度点，然后进行空冷来降低心部和表面的温差。但是在空冷过程中为了防止表面温度回温后不超过回火温度（690℃左右），需将空冷时间设置短一点，因此，我们在模拟过程中将这个阶段的喷射冷却和空冷冷却之间的时间比设为 1∶3。为了防止喷射冷却使得大型筒节心部和表面的温差过大而破裂，可以通过控制大型筒节喷射冷却的喷射角度和喷射水量等参数来控制喷射冷却过程中的换热系系数，使其不要过大。

　　图 7-39 是大型筒节喷射—空冷前期温度分布云图。如图 7-39（a）所示，冷却开始先采用喷射冷却，大型筒节表面温度降到 555℃，而大型筒节的心部温度由于相变潜热的原因升高至 909℃。如图 7-39（c）所示，直至冷却前期结束后，心部温度才将至 880℃左右，此时冷却已进行了 1200s，加上之前转移过程中的时间，大约有近 1h 的时间使大型筒节心部进行奥氏体化，说明加热过程中缩短二次保温时间是可行的。对比图 7-39（a）~（c）可以发现，随着冷却的进行，心部温度的降低速率开始逐渐升高，说明大型筒节表层部分相变基本结束，相变潜热现象也随之逐渐消失。所以在接下来的冷却过程中大型筒节的心部开始进行相变，因此可将空冷冷却的时间增长，从而提高大型筒节心部温降速率，保证心部获得合格的组织。

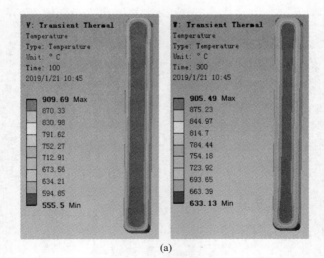

(a)

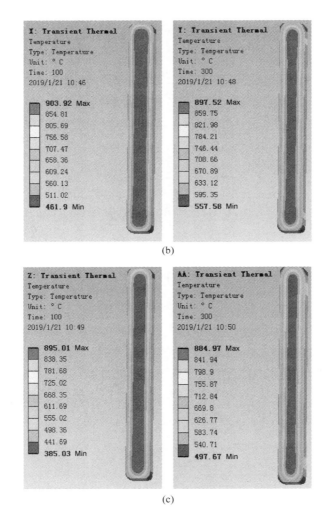

图 7-39 大型筒节喷射—空冷前期温度分布云图
（a）第一次交替冷却；（b）第二次交替冷却；（c）第三次交替冷却

图 7-40 是大型筒节后期冷却过程中的温度分布云图。在大型筒节的后期冷却过程中主要目的是将大型筒节的心部快速冷却下来，而心部的冷却是通过向表面进行热传导而实现，因此在接下的冷却过程中的喷射冷却和空冷冷却之间的时间比可以减小，我们在模拟过程中将其设为 1∶5，即喷射冷却 100s 后空冷 500s，这样既可以保证心部冷却速率又可以防止心部和表面的温差过大。如图所示，经过 8200s 后，大型筒节冷却完毕。大型筒节喷射—空冷的交替次数可以根据大型筒节的尺寸而定。

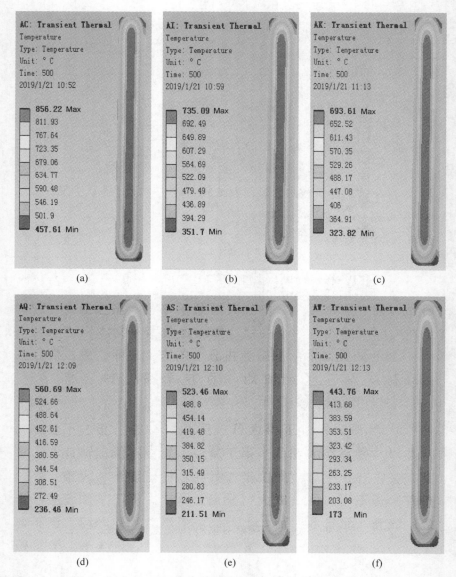

图 7-40　大型筒节后期冷却过程中的温度分布云图

（a）1800s；（b）3000s；（c）4200s；（d）6300s；（e）6900s；（f）8200s

图 7-41 为大型筒节冷却过程心部和表面的温降曲线。如图所示，大型筒节在喷射—空冷交替冷却过程中，表面温度由于喷射冷却和空冷冷却交替进行，其温降曲线呈波浪形，心部温度在冷却前期由于相变潜热的原因，温度一直不变，当相变潜热消失之后，开始以一定的速率开始降温，心部和表面的温差在冷却过

程中逐渐降低。经过测量，大型筒节在冷却过程中其表面温降速率大约为 1.6℃/s，心部温降速率约为 0.06℃/s，结合前面 CCT 曲线可知，大型筒节经过冷却后，心部获得贝氏体、铁素体和珠光体的混合组织，表面主要获得贝氏体组织，以及少量马氏体组织，符合热处理要求。

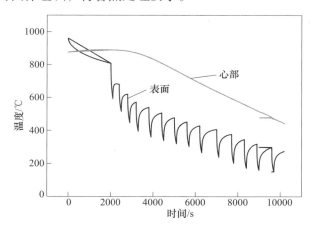

图 7-41 大型筒节冷却过程心部和表面温降曲线

因此大型筒节喷射—空冷冷却工艺较传统的水槽深冷和空冷，不仅其冷却时间可以得到较低，其心部和表面的冷却速度也可以得到保证，同时提高了冷却效率和冷却效果。

大型筒节喷射冷却初期，大型筒节表面温度骤然降低，而大型筒节心部由于相变潜热温度升高，从而导致大型筒节心部和表面出现较大温差，所以此时大型筒节的热应力最大，因此我们对这个时期的大型筒节的热应力进行了分析，分别提取了大型筒节 P_1、P_4、P_6 截面从内表面到外表面的轴向应力，切向应力和径向应力的变化曲线。如图 7-42 所示。

图 7-42（a）为大型筒节 P_1、P_4、P_6 各截面的径向应力，可以发现大型筒节心部到表面的径向应力值均小于 350MPa，远小于这个温度下的大型筒节材料的屈服强度。图 7-42（b）为大型筒节 P_1、P_4、P_6 各截面的切向向应力，通过应力曲线可以发现大型筒节内外表面的热应力很大，越靠近筒节心部应力越来越小，且大型筒节心部的热应力几乎为零，这是因为大型筒节开始进行喷射冷却之后，其表面温度骤降，根据热胀冷缩原理，大型筒节外表面快速收缩从而受到次表面给其较大的压应力，次表面同时受到表面给其的拉应力，且越到筒节心部，这种拉应力越小。同时可以发现大型筒节的内外表面的应力方向相反，这是因为内表面在喷射冷却开始后也会因为温度骤降而发生快速收缩，但是会受到次表面给其的拉应力，所以内外表面的切向应力方向相反。图 7-42（c）为大型筒节 P_1、P_4、P_6 各截面的轴向应力，其原理与切向应力相同，且其应力曲线应和切向应

力相似，大型筒节心部处的轴向应力也应该在零线附近，但是由于我们喷射冷却装置在对大型筒节进行喷射冷却过程中无法对筒节两端面进行喷水，所以致使轴向应力曲线存在误差，所以大型筒节喷射冷却装置需进一步进行优化设计。

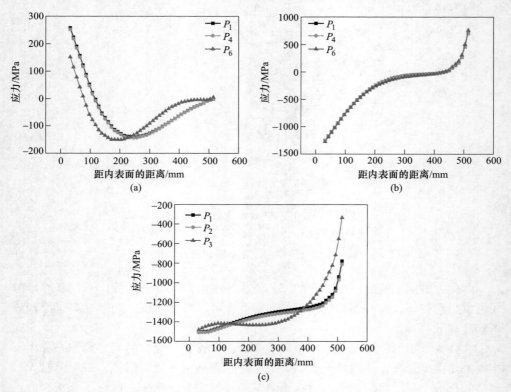

图 7-42　大型筒节热应力变化曲线

（a）径向应力变化曲线；（b）切向应力变化曲线；（c）轴向应力变化曲线

7.5　大型筒节热处理过程物理模拟试验研究

7.5.1　试验方案

由于大型筒节厚度较大，本章选取沿筒节心部和表面的快速热处理情况进行分析。根据第 4 章的大型筒节快速热处理工艺路线的仿真结果分别提取筒节心部和表面处感应加热过程和喷射冷却过程中的温度变化曲线作为热处理过程中淬火冷却的工艺要求，如图 7-43 所示。为了更好地说明快速热处理工艺对筒节冷却效果的影响，我们假设三处的正火、回火工艺均相同。

本试验在 Gleeble 热模拟机中进行，具体实验方案：（1）将粗化预处理后的试验钢块分别加工成圆棒试样和薄片试样，圆棒分为试样 1、试样 2，薄片分为

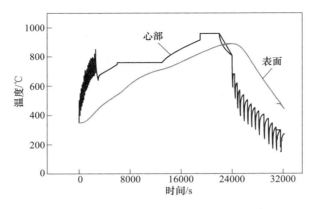

图 7-43 筒节心部和表面的温度变化曲线

试样 A 和试样 B；（2）进行正火处理，以 10℃/s 的加热速度将所有试样迅速升温到 940℃，保温 15min 使其充分奥氏体化，然后空冷；（3）进行淬火处理，以心部对应的加热速率分别将试样 1 和试样 A 加热到 940℃，保温 5min，然后分别以仿真得到的大型筒节心部冷却速率进行控速冷却；以表面对应的加热速率分别将试样 2 和试样 B 加热到 940℃，保温 5min，然后分别以仿真得到的大型筒节表面的冷却速率进行控速冷却；（4）进行回火处理，将所有试样以 1℃/s 的速度升温到 690℃，保温 10min 后空冷到室温。最后进行晶粒度测量、-30℃ 夏比冲击和室温拉伸试验。

7.5.2 试验结果分析

试样 1、试样 2 分别为大型筒节心部和表面的金相试样，其晶粒度如图 7-44

（a）   （b）

图 7-44 大型筒节快速热处理后的试样晶粒尺寸观察图

（a）试样 1；（b）试样 2

所示。试样 1 的晶粒尺寸为 34μm, 晶粒度为 6.8 级。试样 2 的晶粒尺寸为 32μm, 晶粒度为 7.0 级。由此可见, 试样 1 和试样 2 的晶粒度均达到了生产要求的 6 级, 且晶粒大小较均匀。

大型筒节热处理后的使用要求为: 拉伸力学性能达到 R_m = 585 ~ 760MPa、$R_{p0.2}$ ≥ 415MPa、A ≥ 18%、ψ ≥ 54%, 由检测结果可知, 如表 7-11 所示, 热处理后的试样 A 和试样 B 的力学性能均能满足大型筒节的使用要求。

表 7-11　试样 A 和试样 B 的力学性能检测结果

项　目	屈服强度 $R_{p0.2}$/MPa	拉伸强度 R_m/MPa	伸长度 A/%	收缩率 ψ/%
性能指标	415	585~760	18	54
试样 A	517	613	18.8	59.1
试样 B	531	671	21.7	62.0

综上所述, 我们所研究的基于感应加热和喷射冷却的大型筒节快速热处理工艺具有一定的可行性。

本章建立了大型筒节喷射冷却数值模拟过程的温度场和应力场数学模型, 建立了筒节喷射冷却换热系数、空冷换热系数和水槽深冷换热系数计算模型。提出了大型筒节喷射冷却装置结构的设计方法, 设计了一种位置可调的组合式大型筒节喷射冷却装置, 计算了筒节喷射冷却换热系数。基于正交试验设计了不同设备工艺参数组合下筒节喷射冷却过程的数值模拟方案, 研究了水流密度、喷射压力、喷射角度和冷却段喷射与间隙时间比对温度均匀性、热应力和冷却时间三个指标的影响, 优化筒节喷射冷却工艺。

参 考 文 献

[1] 刘宏民. 三维轧制理论及其应用：模拟轧制过程的条元法 [M]. 北京：科学出版社，1999.

[2] 华林，黄兴高，朱春东. 环件轧制理论和技术 [M]. 北京：机械工业出版社，2001.

[3] Sun J L, Peng Y, Dong Z K, et al. Study on asymmetrical deformation and curvature of heavy cylinder rolling [J]. International Journal of Mechanical Sciences, 2017, 133：720-727.

[4] 陈素文. 大型筒节轧制变形研究及圆度控制 [D]. 秦皇岛：燕山大学，2014.

[5] Chen S W, Liu H M, Peng Y, et al. Strip layer method for simulation of the three-dimensional deformations of large cylindrical shell rolling [J]. International Journal of Mechanical Science, 2013, 77 (12)：113-120.

[6] Chen S W, Liu H M, Peng Y, et al. Slab analysis of large cylindrical shell rolling [J]. Journal of Iron and Steel International, 2014, 21 (1)：1-8.

[7] Parvizi A, Abrinia K . A two dimensional upper bound analysis of the ring rolling process with experimental and FEM verifications [J]. International Journal of Mechanical Sciences, 2014, 79 (1)：176-181.

[8] 华林. 环件轧制成形原理和技术设计方法 [D]. 西安：西安交通大学，2000.

[9] 孙建亮，彭艳，马博，等. 双辊驱动大型筒节轧机力能参数计算及影响因素分析 [J]. 冶金设备，2011，3：12-15.

[10] Hua L, Qian D S, Pan L B. Deformation behaviors and conditions in L-section profile cold ring rolling [J]. Journal of Materials Processing Technology, 2009, 209 (11)：5087-5096.

[11] Sun J Q, Zhang H B, Yu Q C. Analysis of bending on the front end of sheet during hot rolling [J]. Journal of University of Science and Technology Beijing, Mineral, Metallurgy, Material, 2006, 13 (1)：54-59.

[12] Liu H M, Lian J C, Peng Y. Third-power spline function strip element method and its simulation of the three-dimensional stresses and deformations of cold strip rolling [J]. Journal of Materials Processing Technology, 2001, 116 (2/3)：235-243.

[13] 彭艳，刘宏民. 带材轧制过程应力及变形的计算机仿真 [J]. 机械工程学报，2004，40 (9)：75-79.

[14] Zhou G, Hua L, Qian D, et al. Effects of axial rolls motions on radial-axial rolling process for large-scale alloy steel ring with 3D coupled thermo-mechanical FEA [J]. International Journal of Mechanical Sciences, 2012, 59 (1)：1-7.

[15] Han X, Hua L, Zhou G, et al. FE simulation and experimental research on cylindrical ring rolling [J]. Journal of Materials Processing Technology, 2014, 214 (6)：1245-1258.

[16] Jenkouk V, Hirt G, Franzke M, et al. Finite element analysis of the ring rolling process with

integrated closed-loop control ［J］. CIRP Annals-Manufacturing Technology, 2012, 61 （1）: 267-270.

［17］ Kebriaei R, Frischkorn J, Reese S, et al. Numerical modelling of powder metallurgical coatings on ring-shaped parts integrated with ring rolling ［J］. Journal of Materials Processing Technology, 2013, 213 （11）: 2015-2032.

［18］ 邹甜, 华林, 韩星会. 环件热轧全过程微观组织演化数值模拟和试验研究 ［J］. 机械工程学报, 2014, 50 （16）: 97-103.

［19］ 武永红, 李永堂, 齐会萍, 等. 基于铸辗连续成形的 42CrMo 铸造环坯高温力学性能及临界应变计算 ［J］. 机械工程学报, 2017, 53 （6）: 45-52.

［20］ 康大韬, 叶国斌. 大型锻件材料及热处理 ［M］. 北京: 龙门书局出版社, 1998.

［21］ 邱丑武. 大型筒节感应加热仿真模拟及热处理实验研究 ［D］. 秦皇岛: 燕山大学, 2017.

［22］ Sun J L, Peng Y, Qiu C W, et al. Comparison of up ladder type and terraced type normalizing heat treatments of heavy cylinder ［J］. Journal of Central South University, 2016, 23 （11）: 2777-2783.

［23］ Patrick G, Kaspar K N, Stefano M, et al. An axisymmetrical non-linear finite element model for induction heating in injection molding tools ［J］. Finite Elements in Analysis and Design, 2016, 110: 1-10.

［24］ Sun J L, Li S, Qiu C W, et al. Numerical and experimental investigation of induction heating process of heavy cylinder ［J］. Applied Thermal Engineering, 2018, 134: 341-352.

［25］ 孙建亮, 李硕, 焦云静, 等. 基于居里点效应的大型筒节感应加热工艺技术研究 ［J］. 钢铁, 2019, 54, 78-85.

［26］ 孙建亮, 张永振, 彭艳, 等. 大型筒节升梯式临界区正火热处理工艺 ［J］. 中南大学学报（自然科学版）, 2017, 48 （3）: 585-591.

［27］ 孙建亮, 邱丑武, 毕雪峰, 等. 感应加热与传统加热模式大型筒节加热效果研究 ［J］. 机械工程学报, 2017, 10: 25-33.

［28］ 王实, 孙建亮, 彭艳, 等. 基于热加工图的 20MND5 钢的高温热变形行为 ［J］. 材料热处理学报, 2016 （12）: 189-195.

［29］ 孙建亮, 邱丑武, 彭艳. 大型筒节感应加热过程电磁-热耦合有限元仿真 ［J］. 钢铁, 2016, 51 （11）: 93-100.

［30］ 毕雪峰. 基于喷射冷却的大型筒节冷却过程仿真和实验研究 ［D］. 秦皇岛: 燕山大学, 2017.

［31］ 李硕. 基于感应加热与喷射冷却的大型筒节联合热处理工艺研究 ［D］. 秦皇岛: 燕山大学, 2019.

［32］ 王实. 大型锥形筒体轧制成形和辊系优化仿真研究 ［D］. 秦皇岛: 燕山大学, 2018.

［33］ 焦云静. 考虑剪切效应的筒节轧制变形及组织演变规律研究 ［D］. 秦皇岛: 燕山大

学，2020.

［34］彭利伟．大型锥形筒节轧制形状控制理论研究［D］．秦皇岛：燕山大学，2019.

［35］张永振．大型筒节节能热处理技术研究［D］．秦皇岛：燕山大学，2016.

［36］刘刚，刘义德，付环宇，等．一种筒节轧制防跑偏工艺方法：CN201210501287.7［P］．中国第一重型机械股份公司，2013.